21세기를 위한 기술

테크노데모크라시 선언

야나기다 히로아키 / 야마요시 게이코 지음
전 병 식 옮김

韓國經濟新聞社

한국에서의 테크노데모크라시 시대를 희망하며

1996년 섣달 그믐에 나는 한양대학교 부설「세라믹.소재연구소」연구교수 자격으로 일본 파인세라믹센터의 야나기다 교수에게 1997년 초 한국을 방문해줄 것을 요청했다. 두 연구소 간의 교류와 협력 증진을 위해서였다. 4월 초 방한 일정이 정해진 후 보내온《테크노데모크라시(Technodemocracy) 선언》을 읽으면서 야나기다 교수의 남다른 생각과 열정 어린 제안에 깊은 공감과 감동을 받게 되었다. 그리고 일본어판이 나온 지 1개월, 내가 책을 받아 읽은 지 이틀 만에 한국어판 출판에 대한 원저자의 내락을 얻어내는 극성(?)을 부리고 말았다. 이어서 2월 중순에는 한국경제신문사에서 출판하기로 결정했다. 그리고 4월 8

일 한국경제신문사와 세라믹소재연구소가 공동으로
서울에서 야나기다 교수 초청강연회를 주최한다는 결
정을 보았다. 강연회와 때를 맞춰 한국어판을 내는
것이 좋지 않겠느냐는 출판사측의 권고가 있었는데,
역자 의견 역시 그와 다르지 않아 서둘러 번역작업에
착수하게 되었다.

　내가 아는 야나기다 교수는 세라믹에 대한 열정이
남다른 연구자이며 교육자다. 역자는 국립공업시험원
원장으로 있을 때 시작한「한·일 뉴세라믹 세미나」
를 통해 그분과 교분을 맺었다. 그 세미나는 올해로
14회째를 맞이하는데, 나는 1회 때부터 한국측 실행
위원장을 맡아왔다. 이 세미나는 규모와 권위 면에서
잘 알려진 과학기술 교류행사로서 한·일 양국의 학
계와 산업계의 활발한 교류 및 공동 발전에 기여해왔
다. 야나기다 교수는 1996년 3월 도쿄 대학을 정년퇴
임하기 전 1년 동안「일본학술진흥회」가 런던에 신설
한「연구연락센터」의 초대 소장을 겸임하여 구미제국
을 빈번히 방문했으며, 과학기술 행정담당자와 연구
자 및 교육자와 많은 의견을 교환했다. 도쿄 대학에
서의 최종강의와 같은 대학의 첨단과학기술연구센터
에서의 기념 세미나 주제가 각각「재료-기술-사회」와

「테크노데모크라시를 지향하여」였는데, 그는 현재 그 때의 생각을 「현재연구회(賢材硏究會)」의 활동을 통해 정력적으로 전개하고 있다.

야나기다 교수는 이 기간에 영문 저서 두 권을 내놓았다. 하나는 옥스퍼드 대학 출판부에서 나온《테크놀로지 호라이즌(Technology Horizon)》이고, 다른 하나는 존와일리(John Wiley)사에서 나온《세라믹 화학(Chemistry of Ceramics)》이다. 한편 1996년 말에는 일본의 마루젠(丸善) 출판사에서《테크노데모크라시 선언》을 내놓았는데, 바로 이 책의 원전이다.

《테크노데모크라시 선언》은 시민에게 기술에의 주체적 참여를 권고하고 있으며, 야나기다 교수는 이 책을 통해 「테크노모노폴리(Technomonopoly)」를 타파해야 한다고 주장하고 있다. 그의 주장에 따르면, 기술개발 집단에 의한 테크노모노폴리는 지금까지 복잡·난해한 길을 걸어와 「기술」과 「시민」의 괴리를 조장해왔으며, 따라서 「시민」과 「기술」이 서로 이해하지 못하는 절망적인 절연상태에까지 이르렀다는 것이다. 이를 극복하기 위해 「테크노데모크라시」로의 전환을 강조하고 있다. 기술 개발의 간명화(簡明化)를 추구함으로써 공급하는 측보다는 그것을 사용하는 시민의 편으로 나아가야 한다는 뜻이다. 즉 그는 기술을 「시민에 의한」, 「시민을 위한」, 「시민의」 것으로 되돌려주어야 한다고 제창하고 있다. 그럼으로써 21세기의 기술은 사람과 환경 모두에게 친화적인 것이 될 수 있으며, 바로 그러한 모습이 「기술의 사회에 대한 책임」이라는 것이다.

한편 이 책에서 주장하고 있는 「간명한 기술」 실현을 위해 원저자가 추진하고 있는 「간명기술추진기구(簡明技術推進機構)」의 설립도 기대된다.

이 책의 한국어판 출판에 즈음해 원저자의 「한국독자들에게 보내는 말」과 함께, 역자의 요청에 따라 일본어판에는 없는 1986~96년 사이의 참고문헌 목록까지 보내주어 고마운 마음으로 싣게 되었다.

이 책이 나오기까지는 많은 분들의 도움이 있었다. 그 중에서도 특히 출판을 흔쾌히 허락하신 한국경제신문사의 박용정 사장님과 촉박한 시간 제약에도 불구하고 순조롭게 출간될 수 있도록 애써주신 출판부 여러분께 감사드린다. 또한 원고작성 과정을 도와준 (주)포스코켐 중앙연구소의 장정훈 선임연구원과 권도희 주임연구원, 김순옥 사원의 노고에 고마움을 전한다. 아울러 한양대 세라믹소재연구소장 오근호

교수님, 한국소비자연맹 정광모 회장님, 그리고 염태
섭 포스코켐 사장님을 비롯한 많은 분의 따뜻한 격려
에도 감사드린다.

한국어판을 내면서 시일이 촉박하여 혹여 야나기다
교수의 본의가 잘못 전달된 부분이 없었는지 모르겠
으나 나름대로 정확한 번역이 되도록 최선을 다했
다. 문고본으로 분량도 적당하므로 관심 있는 식자들
에게 널리 읽혀 우리 한국의 과학기술 발전에 다소나
마 기여했으면 하는 바람이다.

1997년 3월

全 炳 植

1997년 4월 초로 예정되어 있는 방한에 즈음해 졸저 《테크노데모크라시 선언》이 번역되어 한국어로 출판된다는 사실에 원저자인 저 야나기다 히로아키(柳田博明)는 감사하며 영광으로 생각합니다. 전병식 선생께 책 한 권을 증정한 것이 1997년 1월로, 그로부터 얼마 안 되는 시일 안에 번역을 완료하신 노력과 열의와 능력에 깊은 경의를 표합니다. 생각해보니 그 계기는 제가 1996년 3월 도쿄 대학을 퇴임하고 4월부터 일본 파인세라믹센터(Japan Fine Ceramics Center)의 전무이사·시험연구소장으로 근무하게 된 데 대해 선생으로부터 정중한 인사를 받은 후 그에 대한 감사의 마음을 표하려고 이 책을 증정한 것이었습니다. 전 선생으로부터 저의 근무처 변경에 대해 인사를 받게 된 것도 오래 전부터 친교가 있었고, 서로의 마음을 알고 지내는 사이였기 때문입니다. 그분과 함께

세라믹의 과학기술 발전에 기여해온 사이라는 것을
자랑스럽게 생각합니다.

일본의 급속한 경제성장이 첨단기술의 발전에 뒷받
침되어온 것은 아시는 바와 같습니다. 지금 귀국이
바로 그 길을 걷고 있습니다. 일본에서는 그러한 첨
단기술의 발전 방향에 여러 가지 문제가 생기고 있습
니다. 기술이 너무나 복잡·난해해져서 일반시민은
소외감을 느끼고 있습니다. 기술에 주체적으로 관여
해 환경문제 등의 해결에 기여하려고 해도 그것을 쉽
사리 허용해주지 않는 기술에 대해 거부반응마저 보
이게 되었습니다. 기술과 시민이 적대관계에 놓일 우
려마저 싹트고 있습니다. 저는 오랫동안의 연구와 교
육활동을 통해 이러한 사태를 깊이 우려하게 되었습
니다. 1995~96년 초에 걸친 약 1년 동안 저는 영국
에서 학술외교를 하도록 지시받았습니다. 이를 계기
로 그 동안 기술과 시민의 존재방식에 대한 생각을
하나로 정리할 수가 있었습니다. 그 골격은 기술이
「시민을 위한, 시민에 의한, 시민의」 것이 아니면 안
된다는 것입니다. 기술이 그것을 개발하는 집단의 이
익과 논리에 의해서만 발전하면 오히려 그 존립기반
을 위태롭게 할 수도 있다는 사례도 최근 많이 눈에

띠게 되었습니다. 원점으로 되돌아가 시민과의 관계를 깊이 의식하지 않으면 안 되게 되었습니다. 『기술에게 덕(德)을!』이라는 것이 저의 주장입니다. 번역을 맡아주신 전 선생은 이 주장에 공명해주셨다고 믿고 있습니다. 기술의 발전이 시민에게 큰 기쁨을 주고 기술이 깊은 지지를 얻어 기술개발에 임하는 사람이 대단한 긍지와 윤리적인 충족감으로 채워질 것을 기대하면서 한국에서의 출판에 대해 열렬한 감사의 메시지를 보냅니다.

1997년 3월
야나기다 히로아키

　내가 「기술」과 「시민」의 괴리를 우려한 것은 오래된 일이다. 기술은 그 동안 기술을 보유하는 집단의 가치판단에 의해서만 지나치게 개발되어오지 않았던가. 그 때문에 본래 기술의 성과를 누려야 할 시민이 소외당하게 되고, 마침내 반발심을 드러내게 되어 『더 이상 기술은 필요 없다』라는 주장이 제기되기에 이르렀다. 결국 기술은 설 기반을 잃어가고 있다.

　나는 기술이 인류를 풍요하게 하는 중요한 원동력이라고 생각한다. 그러나 지금 개발되고 있는 방향은 그렇지 않은 것 같아서 경고하고 있는 것이다. 시민이 느끼기 시작한 기술에 대한 반감은 가라앉지 않고 점점 격화되어가고 있다. 기술보유 집단의 논리, 가치관과 기술을 수동적으로 공급받는 시민의 감수성, 주체성과의 사이에는 메우기 어려운 깊은 골이 생겨 언제 터질지도 모르는 사태에 직면한 것처럼 느껴진다.

기술자는 시민의 입장에 서서 기술개발을 진행하고, 시민은 기술에 요구하는 것이 무엇인지를 강도 높게 호소함으로써 의사소통과 상호이해 및 상호계발을 도모하는 길만이 유일한 해결방안이다. 기술이 무엇을 위해 존재하는가를 근본적으로 생각해보자. 일찍이 에이브러햄 링컨(Abraham Lincoln)이 민주주의를 정의했듯이, 나는 기술을 「시민에 의한」, 「시민을 위한」, 「시민의」 것이라고 선언하고 싶다. 이러한 시각으로 바라보아야만 기술개발에서 가슴 뛰는 감동이 살아나리라. 기술이 지금과 같은 형식으로 존립하는 한 기술에 종사하는 사람들은 자신의 이익에 따라 움직이는 떳떳치 못한 행동에 자책하고 시달릴 수밖에 없다. 감동을 주지 않는 일을 억지로 맡기면 괴로운 마음이 들게 되고 인간성을 해친다. 그러나 때때로 마음이 말끔히 씻기는 듯한 느낌이 들 때가 있다. 살아 있다는 보람을 느끼며 가슴 뛰는 삶을 살아보겠다고 깊이 다짐하는 것이다. 기술에 종사하면서 청정한 생각과 가슴 뛰는 감동을 느끼고 싶다. 그것은 기술을 시민의 것으로 만드는 일이 아니겠는가. 이것이 나의 테크노데모크라시 제창이며, 이 책은 테크노데모크라시 선언이다.

　이 책은 단순한 기술의 해설을 담은 것이 아니다. 기술자만을 위한 것도 아니다. 시민에게 기술에 대한 주체적 참여를 호소하는 권고의 편지다.

　이 책을 쓰기 시작한 것은 1995년 10월 말 영국에서였다. 그것은 일본학술진흥회 런던연구연락센터의 초대 소장이 된 내가 영국연구협의회연합 후원으로 옥스퍼드 대학 캠퍼스에서 영·일 심포지엄「과학·기술과 사회」를 개최한 직후였다. 이 심포지엄을 통해 나는 영국의 과학·기술에 관계하는 이들이 사회와 과학·기술의 관계에 대해 진지하게 생각하고 있으며, 과학·기술의 건전한 발전을 도모할 마음 든든한 친구들이 많이 있다는 사실을 알게 되었다.

　나는 이 심포지엄을 일본측이 제안했다는 사실에 약간의 긍지를 느낀다. 일본은 언제나 수동적이고 마지못해 외국에 협력한다는 자세 때문에 비난을 받아왔다. 또한 정치나 과학·기술 분야에서 지나치게 소극적이고 때로는 비겁하다고 여겨질 정도의 태도를 보여왔다. 그러나 이번에 보여준 우리의 행동이 일본의 이미지를 바꾸는 데 조금은 도움이 되었다고 생각한다. 이 심포지엄을 통해 일본에도 학자나 연구자로서의 명예를 걸고 토론을 전개할 수 있는 유능한 사

람들이 존재한다는 사실을 보여줄 수 있었으며, 그
결과 신뢰감을 얻어낼 수 있었다. 이 책에서는 영국
에서의 기술과 시민의 관계, 그리고 이 심포지엄에
대해서도 소개할 생각이다.

이 책은 야마요시 게이코(山吉惠子)와의 공저다.
그녀는 나의 도쿄 대학 제자이며, 나의 대중 과학 해
설서인《파인세라믹스〔강담사(講談社) 간〕》등의 일
러스트를 담당한 이래 나의 논문·해설·저서에서 자
료수집·정리·편집 등 중추적인 기여를 해왔다. 이
책을 편찬할 때에도 나의 강연집(도쿄 대학 정년퇴임
기념 최종강의를 포함)을 정리·편집·가필해주었
다. 그러한 일이 단순한 보조 이상의 것이었으므로
공저자로서 그녀의 이름을 병기하기로 했다. 다시 한
번 그녀의 노고와 공로에 감사드린다.

마루젠 출판사업부의 나카무라(中村)는 이 책의 간
행을 강력히 권유했으며, 편집에도 많은 도움을 주었
다. 내 자신도 이 책에 실린 주장을 세상에 널리 알
리고 싶었으므로 기회를 베풀어준 데 대해 깊이 감사
드리고 싶다.

1996년 가을

야나기다

제 3 장   인텔리전트 재료의 필요성 • 79

제 1 장

전환점을 맞은 현대 기술

현대 기술에 변혁을

현대 기술이 잘못된 방향으로 나아가고 있다는 우려가 여기저기에서 표명되고 있다. 고도기술화 사회의 기반이 흔들리고 있는 것이다. 늦기 전에 궤도를 수정해서 현대 기술을 변혁하지 않으면 안 된다. 그러면 어떠한 변화가 필요한가?

독자와 함께 이러한 문제에 대해 생각해보고 현대기술의 변혁 방향을 제언하는 것이 이 책의 목적이다. 그러나 이 책은 단지 현대의 과학·기술을 비판하고 추상적인 해결책을 제안하는 데 그치는 것만은 아니다. 나는 기술평론가가 아니며 오랫동안 세라믹계의 재료연구를 해온 연구자다. 도쿄 대학의 공학부 교수, 같은 대학 첨단과학기술연구센터 교수와 센터 소장, 같은 대학 환경안전(연구)센터 소장, 일본 세라믹협회 회장, 그리고 일본 화학회 부회장 등을 역임하는 동안 늘 과학·기술과 사회와의 관계를 생각해왔으며, 또한 연구에서는 그러한 생각을 실증하기 위해 노력해왔다. 그러한 연구 사례도 이 책에 소개할 예정이다. 따라서 이 책은 매우 구체적이고 실천적인 내용이 될 것이다.

「덕(德)」을 상실한 기술

20세기 과학·기술 발전의 놀라운 성과는 모두가 인정하는 바이지만, 누구나 그 발전을 무조건 환영하고 있는 것은 아니다. 세상이 편리해진 것은 사실이지만 너무나 급속한 진보를 따라가지 못하고 뒤처진 채 불안해하고 있는 사람도 많다. 환경문제 또한 날로 심각해지고 있다. 현대기술이 반드시 인류를 행복으로 이끄는 것만은 아니다. 이러한 상황에서는 현대기술이 그릇된 방향으로 나아가고 있다고 하지 않을 수 없다. 어찌하여 기술은 가야 할 길을 잃어버리고 말았는가?

그 첫째 이유는 기술을 개발하는 쪽의 논리만으로 기술 개발이 진행되고 있다는 데 있다. 기술은 본래 시민생활을 풍요하게 하기 위해 개발되어야 한다. 그러나 최근의 기술은 기술자 자신과 기술자가 속한 기업이나 조직 또는 국가의 발전만을 지나치게 지향하는 쪽으로 변모해버린 것 같다. 나는 일부 사람의 이익만을 염두에 두고 사용되는 기술을 「덕」을 잃은 기술이라고 본다. 이와는 반대로 「시민을 위해, 시민에 의지해, 시민을 대신해」 생산하는 기술을 「덕」이 있는 기술이라고 생각한다. 「덕」이란 기술을 가진 사람이 그 기술을 행사함으로써 널리 인류의 번영에 공헌하는 행동이다. 그러한 노력의 대가로서 자신도 번영하는 것이 바람직하다. 그러나 안타깝게도 최근의 기업과 기술은 「덕」을 상실하고 있다고 생각하지 않을 수 없다.

『무엇을 위해 기술을 개발하는가?』라는 물음에 대부분의 사람들은 『내 자신을 위해서다』라고 대답할 것이다. 기술을 소유하고 새 기술을 개발함으로써 소속 기업과 사회로부터 인정받고 싶어하며, 그 기술을 소속집단의 것으로 한정해서 확보해두고자 한다. 그래야만 이익이 얻어진다고 생각하기 때문이다. 독점하기 위해서는 정보를 감추어야 할 필요성이 생긴다. 과학이 진리 탐구에서 얻어진 지식을 재빨리 인류 공통의 지식으로서 공개하는 데 의의를 찾는 반면, 기술에는 독점성과 수비성(守秘性)이 따라다닌다. 자신의 번영을 위해 독점과 비밀 엄수를 우선하는 행동이 기술을 비열한 것으로 만든다. 이 비열함이 젊은이의 낭만주의(romanticism) 불꽃을 꺼버린다. 최근 들어 젊은이의 이공계 이탈이 화제가 되고 있다. 이러한 현상은 특히「공(工)」, 즉 기술로부터 젊은이의 관심이 떠나 있는 것에 기인하고 있다. 과학에 비해 오늘날 기술에는 비열함이 존재하기 때문이다. 기술이「덕」의 향기를 풍기지 않는 한 젊은이의 관심도,「뜻〔志〕」높은 이상주의자의 관심도 얻지 못할 것이다.

「뜻」이란 무엇인가? 그것은 기술을 개발함으로써 인류 공통의 번영을 도모하려는 고매한 의지를 말한다. 연구·개발에 종사하고 있는 과학자·기술자는 그「뜻」을 상실해버렸다. 연구하고 개발하는 이유가 이를테면 연구 보고서의 수를 늘려 그 분야에서 되도록 빨리 실적을 올리려는 등 상승지향뿐이라면 자신의 이익추구를 우선하는「비열함」이 만연할 수밖에 없다. 연구를 통해 사회에 공헌한다는「뜻」이 조금이라도 담겨 있어야 하지 않을까? 그런 의미로 볼 때 기술에서「덕」이, 연구자에게서「뜻」이 상실되었다고 말하지 않을 수 없다.

「덕」과「뜻」이 없기 때문에 환경 문제며 젊은이의

이공계 기피 등 기술에 관련된 여러 가지 문제가 일어나고 있다. 기술이 잘못된 방향으로 접어들고 있다면 그 실태를 파악해 올바른 방향으로 나아가도록 해야 한다. 현대 기술에는 변혁이 요구되고 있다. 그것은 테크노모노폴리(technomonopoly)로부터 테크노데모크라시(technodemocracy)로의 변혁이다.

테크노모노폴리

테크노모노폴리란 내가 만들어낸 말로, 기술이 일부의 전문가에게 독점되는 현상을 뜻한다. 극히 일부 참여자에게만 기술이 이해되고, 기술을 소유한 사람만이 이익을 얻을 수 있는 상황을 가리키는 말이다. 이에 대해 테크노데모크라시란 일반시민이 기술에 관여하고 그 기술을 주체적으로 향수(享受)하는 상황을 의미하는 말이다. 결국 기술이 「덕」을 지님으로써 테크노데모크라시는 꽃을 피우는 것이다.

어떤 기술을 사용해 성과를 누리고는 있지만, 왜 그렇게 되었는지 전혀 이해할 수 없는 것이 현대 기술과 일반시민의 관계가 아니겠는가. 사람은 이해할 수 없는 것에 대해 불안을 느끼는 법이다. 일반시민의 감정을 무시한 기술은 개발한 사람이나 사용하는 사람 모두에게 기쁨을 가져다 주지 못한다. 테크노모노폴리에 빠지게 되면 일반시민은 기술에 대해 무관심을 지나서 일종의 거부감마저 갖게 된다.

테크노모노폴리의 구체적인 예를 들어보자. 나는 앞에서 말한 바와 같이 공학박사이고, 도쿄 대학 공학부 교수로서 대학 내의 첨단과학기술연구센터 소장을 역임했었다. 세상에서는 나를 이른바 기술의 화신

전자 세라믹

세라믹은 금속, 플라스틱과 어깨를 나란히 하는 3대 재료 가운데 하나다. 인공적으로 만들어진 무기질 고체 재료를 말하며, 요업제품이라고도 불려왔다. 도자기·시멘트·유리 등은 예로부터 있었던 세라믹이다. 이에 대해 좀더 고도의 기능을 목적으로 새롭게 만들어진 세라믹은 뉴세라믹, 파인 세라믹 등으로 불리고 있다. 오늘날에는 여러 가지 물질이 이용되어 기계재료, 연삭재, 전기·전자 재료, 나아가 생체 재료 등으로 널리 쓰이고 있다. 그 가운데서 전기적 또는 자기적 성질을 살려 가정용 전기제품과 전자부품 등에 사용되는 것을 전자 세라믹, 전자용 세라믹이라고 한다. 전자 세라믹은 원료의 종류나 제조방법 등에 따라 전기를 잘 통하는 것과 전혀 통하지 않는 것, 온도 변화에 따라 전기저항이 변하는 것 등 다양한 기능의 제품을 만들 수 있다.

이라고까지 볼 것이다. 나는 세라믹계 재료의 연구를 중심으로, 그 중에서도 주로 전자 세라믹을 연구하고 교육해왔다. 나의 전문 분야인 전자 세라믹은 TV와 각종 전자기기에 쓰이고 있다. 그렇지만 내 자신은 TV가 고장나더라도 고칠 수가 없다. 실상 이러한 경험을 하고 있는 것은 나만이 아니다.

기계분야의 전문가인 어느 저명한 분의 집에 있는 세탁기가 고장났다. 모터 고장이므로 간단히 수리할 수 있다고 생각한 그분은 세탁기를 고쳐보려고 했다. 그러나 세탁기가 전부 용접되어 있어서 열어보지도 못하고, 물론 수리도 할 수 없었다고 한다. 열 수 없게 되어 있는 이유는 여러 가지다. 하지만 무엇보다도 제작의 간편함과 제품의 견고함만을 생각할 때 이러한 구조가 되는 것이다. 볼트로 죄기보다는 용접하는 쪽이 튼튼한 물건을 빨리 만들 수 있다는, 생산성을 추구하는 쪽의 논리만을 내세웠기 때문에 고장이 났을 때 쉽게 고칠 수 없도록 되어 있다.

전문가만이 고칠 수 있다는 것이 모노폴리다. 제조업체 처지에서 보면 누구나 간단히 수리할 수 있을 경우 신제품 수요가 감소한다는 점도 충분히 생각할 수 있다. 생산자의 논리만이 관철될 경우에는 설사

시민이 조금만 손질하면 쓸 수 있다든지, 버리는 것
은 환경친화적이지 않다는 생각을 가졌더라도 그 문
제에 관여할 수 없게 된다. 이와 같이 시민이 기술에
관여하는 것을 배제하는 구조를 테크노모노폴리라고
한다. 이러한 구조를 테크노데모크라시로 바꾸지 않
으면 안 된다.

현대 기술의 병—스파게티 증후군

현대 기술이 「덕」을 잃고 테크노모노폴리에 빠져
있는 이유는 무엇일까? 기술이 스파게티 증후군이라
는 중병을 앓고 있기 때문이라는 것이 나의 견해다.
어지럽게 뒤섞여 본질을 파악하기가 어려워진 기술을
일컬어 나는 「스파게티 증후군」이라고 부른다. 이 말
은 의학분야에서도 사용되고 있다고 한다. 환자를 진
단하고 치료할 때 파이프나 튜브나 전선이 뒤엉켜 환
자가 보이지 않게 된 상태를 가리킨다고 한다. 의학
분야에서도 이러한 현실을 바람직하게 여기고 있지
않음을 엿볼 수 있다.
기술의 스파게티 증후군은 다음과 같은 다섯 가지
징후로 이루어진다.

① 현상(모습)
② 사고방법
③ 복잡할수록 고급이라는 가치관
④ 본질보다 말초
⑤ 본질의 저하

1. 현 상

우선 첫째는 그 모습이다. 접시에 스파게티가 담겨 있는 상태를 상상해보자. 어디가 시작인지 어디가 끝인지 전혀 분간이 안 될 것이다. 즉 이해의 단서가 잡히지 않을 뿐 아니라, 사고의 경로와 결론을 알 수 없는 상태에 놓여 있다. 스파게티처럼 복잡하게 뒤엉켜 있는 현상, 현대기술은 그러한 상황에 빠져 헤어나지 못하고 있다. 뒤엉킨 구조를 이해할 수 있는 것은 그 구조를 설계하고 제조한 사람들뿐이며, 시민은 이해의 테두리 밖에 방치된 채 주변인으로 남아 있다. 여기에서 양해를 구하려는 것은, 내가 스파게티 그 자체를 무척이나 좋아한다는 사실이다.

2. 사고방법

두 번째는 어떤 문제가 생겼을 때 그것을 해결하기

위해 무엇인가를 보태서 해답을 내려는 사고방식이
다. 대부분의 기술자와 연구자는 이러한 사고방법에
익숙해 있다. 예컨대, 어떤 금속의 내구성 향상이 주
제인 경우 대부분 다른 금속의 첨가를 생각하고 어떤
금속이 좋은지 찾으려 한다. 다음으로 경도까지 높일
예정이라면 거듭 제3의 성분을 보탤 것을 생각한다.
이렇게 해서 새로운 주제가 생길 때마다 합금의 성분
은 점점 복잡해진다.

　같은 사례는 전자회로나 기계 설계 등에서도 되풀
이되어왔다. 새로운 기능이 필요할 때마다 새로운 회
로가 추가된다. 그 결과 하이테크 제품이라 불리는
대부분의 것들이 너무 복잡해서 이해하기 어려운 상
태에 놓인 스파게티 증후군의 첫째 징후를 악화시키
게 된다. 이를테면 PC의 기능을 향상시키기 위해 여
러 가지 주변기기를 추가하면, 각 기기를 잇는 선이
많아진다. 최근 들어 개선되고 있는 듯하나 늘어난
전원 코드와 케이블 전화선 등이 PC와 책상 뒤에서
스파게티 상태가 되어 있는 곳이 아직도 많을 것이
다. 합금을 예로 들어 말하자면 복잡한 성분으로 만
들어진 것은 재활용 비용이 턱없이 높아지는 결과로
이어진다. 전체적인 견지에서 볼 때는 국소적인 최적

화가 오히려 최악으로 이어지는 원인이 되고 만다. 복잡화의 사고는 이러한 결과를 불러오기 쉽다.

이와 같이 문제해결을 오로지 복잡화하는 수법에 의지하는 사고방식이 스파게티 증후군의 두번째 징후다.

3. 복잡할수록 고급이라는 가치관

기술이 복잡화의 방향을 걸어왔기 때문에 대부분의 사람들은 단순한 쪽보다는 복잡한 구조를 고급기술이라고 생각해버린다.

뒤에 상세히 얘기하겠지만 나는 대형구조물을 지극히 간단한 방법으로 진단할 것을 제안했다. 안전 진단에 필요한 것은 굳이 전문점이 아니더라도 살 수 있는, 몇만 원 하는 진단장치뿐이다. 한편 영국의 어떤 항공회사는 다른 방법을 이용해 똑같은 진단을 행할 것을 제안했는데, 그 진단장치의 가격은 약 3억 원이었다. 코스트 비율이 1만 대 1이다. 그럴 경우 대부분의 사람들은 3억 원 쪽이 고급기술이라고 여기게 된다.

우리가 이 기술을 개발하기 위해 어떤 연구재단에 연구비를 신청했을 때, 이 기술은 첨단기술답지 않고 지나치게 단순하기 때문에 자금을 출연할 수 없다는 말을 들은 적이 있다. 신청서에 뜻도 알 수 없는 복잡하고 어려운 것만 써야 하느냐고 물으니 그렇다고 했다. 일본의 과학과 기술을 지원하는 위치에 있는 사람들이 이러한 시각을 가져서는 곤란하다. 그럼에도 불구하고 많은 사람들이 이와 같이 복잡한 쪽을 고급이라고 생각해버리는 잘못된 가치관을 갖고 있는 것이 현실이다.

4. 본질보다 말초

복잡한 것일수록 고급이라는 인식에 사로잡히면 기술개발의 대상이 본질인 기본기능에서 벗어나 주변의 것으로 쏠리고 만다. 많은 기능을 가진 전자제품을 구입하더라도 모든 기능을 다 활용하는 사람은 드물 것이다. 최근에는 꼭 필요한 기본기능만을 채택했다고 선전하는 실속형 제품도 나왔다. 그러나 아직도 주변기능 부가에만 열중하는 개발자가 많다. 그로 인해 불필요한 부품이 추가되어 제조비용이 올라간다. 꼭 필요한 부분의 비용이 전체에서 차지하는 몫을 평가해보면 그 비율이 놀라울 정도로 미미한 기기가 많음을 알 수 있다.

5. 본질의 저하

복잡하게 함으로써 마침내는 본질의 열화(劣化)가 일어 난다. 이것이 다섯번째 징후다.

예컨대, 파괴검지를 위해 부가한 센서가 오히려 파괴의 기점이 되는 등 부작용이 생기는 것이다. 제어를 하려고 붙인 부품이 고장을 일으켜 본체가 움직이지 않는 사례도 자주 일어난다. 센서가 없었거나 이런 기능이 붙어 있지 않았더라면 고장나지 않았을 것이라는 한탄의 소리가 곧잘 들린다.

고속증식로「몬주」의 나트륨 누설사고도 그 한 예라고 할 수 있다. 온도계가 없었다면 누설사고도 없었을 것이다. 문제가 된 냉각관의 재료개발에 관여한 전문가의 견해로는 온도계를 외부에 붙이도록 제언했는데도 불구하고 꽂아넣은 것이 사고의 원인이 되었다고 한다. 어떤 구조물에 구멍을 내어 무엇인가를 꽂아넣게 되면 그 곳이 파괴의 기점이 되기 쉽다는 것은 누구나 이해할 수 있다. 그러나 실제로는 꽂아넣어도 안전한 기술을 개발하려 했고 진동계를 붙이고 어느 정도 진동하고나면 유출을 멈추게 하는 방향으로 나아간 것이다. 이것이 잘못된 생각이다. 복잡

센 서

외계의 상황을 감지해서 목적에 부응하는 형태의 신호로 변환하는 기능을 갖춘 소자(素子)와 장치. 인간의 감각에 해당하는 것이라고 말할 수 있다. 이를테면 온도변화에 따라 전기저항이 변화하는 물질은 저항을 측정함으로써 온도를 알 수 있기 때문에 온도 센서로 사용할 수 있다.

하게 만들었기 때문에 본질을 저하시키고, 그렇기 때문에 더욱 복잡하게 만드는 식으로 악순환이 계속되고 있는 것이다.

기술 진화의 방향

〈그림 1〉은 현재까지의 기술 진화과정과 나아갈 방향을 나타낸 것이다. 세로 축은 구조의 복잡함 정도를, 가로 축은 기능의 수준을 나타내고 있다. 선이 굵은 쪽은 바람직스럽다는 뜻이다.

예전에 인간은 매우 간단한 것을 만들었다. 낮은 수준의 기능을 단순한 구조로 달성하고 있었던 셈이다. 시대가 지나면서 차츰 고도의 기능을 갖춘 제품이 만들어지게 되었다. 대부분의 기술이 스파게티 증

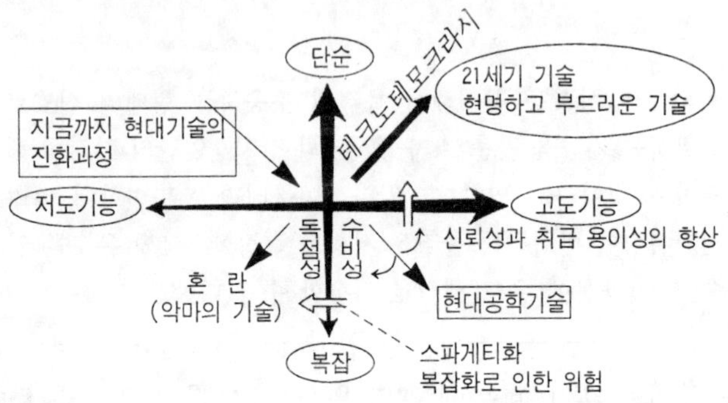

〈그림 1〉 과거, 현재의 기술과 21세기의 기술

후군의 두번째 징후를 잃고 있으므로, 고도의 것을 만드려고 할 때 부품의 수를 늘려 점점 복잡하게 만들어 가게 된다. 결국 현재의 기술은 그림의 오른쪽 아래를 향해 왔다. 현대의 첨단기술은 복잡하고 고도의 기능이라는 상한에 위치하고 있다.

그러나 이제까지 설명해온 바와 같이 너무나 복잡해졌기 때문에 폐해가 생기고 있다. 복잡하게 만들어졌기 때문에 기능이 저하되고 있는 것들은 왼쪽의 저도 기능 쪽으로 이동하게 된다. 복잡하고 저도의 기능이라는 상한에 있는 기술은 악마의 기술이라고 해도 과언이 아니다. 현재의 기술은 서서히 악마의 기술 쪽으로 향하고 있는 것이다. 스파게티 증후군을 잃고 있는 제품은 수리 등이 어렵기 때문에 수명이

짧고 재생도 되지 않은 채 폐기될 운명에 처해 있다. 이것도 스파게티화(化)에 따른 기능의 저하다. 또한 복잡하기 때문에 시민이 이해할 수 없고 시민으로부터 거부반응마저 불러일으키고 있다면, 과연 그러한 기술을 고도의 기술이라고 할 수 있겠는가? 기술에 혼란이 일어나고 있는 이러한 상황 역시 악마의 기술 쪽으로 가고 있다고 할 수 있지 않을까?

현대의 기술은 전환점에 와 있다. 그리고 잘못된 길, 즉 악마의 기술 쪽으로 방향을 전환하고 있다. 지금 바로 멈추게 하여 올바른 방향으로 유도해야 한다. 우리가 할 일은 지혜롭게 스파게티 증후군을 극복하고 단순한 구조로써 고도의 기능을 달성하는 것이다.

기술은 수탈의 역사

과거로부터 현대까지의 기술을 바라보면 기술 또는 문명이라는 것은 무엇인가를 희생하며, 또 착취하면서 번영해온 듯싶다. 인류는 어떤 정책(policy)의 최적화를 추구하여, 그것에 성공하면서 한편으로는 중요한 다른 것을 잃어가는 역사를 되풀이하고 있는 것이 아닌가 싶다.

그리스, 특히 아테네 시민문화 발전의 그늘에는 노예라는 존재가 있었다. 일을 해주는 사람이 있었기에 일반시민이 철학을 생각할 여유가 있었다는 얘기다. 그렇다고 내가 노예제도를 용인하는 것은 아니다. 철학의 필요성을 호소하고 있는 것이다. 오늘날 일본에 철학이 결여되어 있는 이유는 모두가 자신을 노예의 위치로 떨어뜨려 과도하게 일을 하기 때문은 아닐까? 경제성장을 추구한 나머지 사물을 깊이 생각할 시간을 희생해왔거나, 아니면 철학을 불요불급한 낭비라고 생각해왔는지도 모른다.

농업의 진흥을 위해 온 세계에서 거대한 관개가 행해졌다. 메소포타미아의 고대문명은 관개를 통한 풍요한 농업생산을 바탕으로 번영했다. 그러나 한편 관개에 따른 염분 집적 현상으로 경작이 불가능한 경지가 늘어나게 되었다. 관개용수에 포함된 염류가 흙 속에 집적되거나, 하층토에 함유된 염류가 관개수로 인해 녹아 나와 수분이 증발할 때 염류만을 남겨 염분 축적 현상이 일어난다. 염분이 축적됨으로써 작물의 수확량이 줄어들고 마침내 사막화가 진행되고 만다. 메소포타미아 문명의 붕괴도 염분 축적이 원인이라고 하며, 그 땅은 현재 사막이 되어 있다. 농경 면적의 확대가 사막의 확대로 전화되고 만 것이다.

인류가 개발한 최고의 재료는 아마도 철일 것이다. 그러나 제철기술이 발달함에 따라 많은 삼림이 사라졌다는 것은 잘 알려진 사실이다. 제철에 나무를 이용하는 대신 석탄을 쓰게 된 것이 기술혁신이라고는 하지만, 그 후의 고도성장은 많은 지하자원을 낭비한 바탕 위에서 이루어진 것이다.

그리고 오늘날 기술 개발이 철저하게 자기 목적 지향으로 행해진 결과 일반시민은 기술로부터 소외되고 협력할 수 없는 기술에 반발하게 되었다. 시민의 기술 이탈 현상이 벌어지고 있는 것이다. 첨단기술은 시민을 기술에서 몰아냄으로써 발전하고 있다고 해도 과언이 아니다. 시민이 기술에 등을 돌렸을 때 기술은 더 이상 계승되지 않고 노동자 역시 확보할 수 없게 된다. 이미 젊은이의 이공계 이탈과 제조업 이탈이 진행되고 있다. 기술이 시민에게 꿈과 감동을 주지 못하게 된 이상 무리가 아닌 것이다. 기술은 이제 스스로의 존립기반을 위태롭게 하면서 발전하고 있다는 사실을 인식할 필요가 있다.

시민의 기술 이탈

시민의 기술 이탈이 일어나는 이유는, 지금의 기술이 스파게티 증후군에 걸려 있기 때문이다.

현대 기술은 지나치게 복잡해서 이해할 수도 없고 재미나 즐거움도 찾아볼 수 없다. 이러한 것은 아무리 노력해도 좋아지지 않게 마련이다. 또한「덕」을 잃었기 때문에 기술이 비열한 것으로 경멸받게 되었고, 의욕적으로 뛰어들기에는 낭만이 부족하다.

내가 도쿄 대학의 첨단과학기술연구센터 소장으로 있을 때 센터를 일반에 공개한 적이 있었다. 센터를 견학한 인근 주민들은 우리에게『이 캠퍼스에서는 위험한 일을 하고 있지 않은 것 같아서 안심했습니다. 다만 부탁드릴 일이 있습니다. 선생님들의 학문과 연구의 자유는 존중합니다만, 더 이상 우리가 이해할 수 없는 것을 만들지 말아주십시오』라고 부탁했다. 나는 이 말에 매우 큰 충격을 받았다. 그 때까지는 그와 같은 의견을 들어본 적도, 생각한 적도 없었다. 연구나 개발, 새로운 것을 발견한다는 것은 절대적인 선(善)이라고 믿고 있었는데, 일반 시민들은 그

와 같이 받아들이고 있지 않다는 사실을 처음으로 알
게 된 것이다. 알지 못하는 것에 대한 일반 시민의
저항과 거부감을 인식하게 된 것도 바로 이 때부터였
다.

현대의 기술은 시민이 이해하고 협력하려 해도 응
해주지 않는다. 나도 고장난 TV를 수리할 수 없다.
기계 전문가에게도 세탁기는 문을 닫아걸고 있다. 주
체적으로 관여하고 싶어도 거절당하고 마는 것이다.
기술에게서 소외되고 있다고 느끼는 시민이 이탈해버
리는 것은 당연한 일이다.

인간과 환경에 비친화적인 기술

환경문제에 대한 관심이 날로 높아지고 있다. 많은
시민은 물건을 버리는 것에 대해 죄의식을 느끼기까
지 한다. 사용할 수 있는 것을 수리해서 쓰려는 생각
은 당연하다. 그러나 현재의 복잡한 기술로는 쉬운
일이 아니다. 간단한 고장처럼 보여도 자기 힘으로는
도저히 수리할 수가 없다. 그렇다고 수리를 부탁하는
것도 번거롭다. 크고 무거운 제품의 경우 수리하는
사람을 부르는 것 역시 귀찮은 일이다. 언제나 집에

누군가가 대기하고 있는 것도 아니고, 출장수리를 받기 위해 결근하고 기다려야 하는 경우도 있다. 수리비도 결코 저렴하다고 할 수 없다. 새로 구입하는 쪽이 싸게 먹히는 경우도 있다. 「조금만 고치면 또 쓸 수 있는데」 하는 생각을 품으면서도 버리지 않을 수 없는 것이 바로 우리의 형편이다. 지구 환경을 위해 조금이라도 협력하겠다는 시민의 성의에 기술은 전혀 응해주지 않는다.

뿐만 아니라 버리는 문제에서도 기술은 시민에게 새로운 짐을 부여했다. 많은 지방자치단체에서 쓰레기의 분리수거가 이루어지고 있다. 지역에 따라서는 꽤 세분화해서 수집하는 곳도 있다. 쓰레기를 버릴 때 그것이 가연성 쓰레기인지 불연성 쓰레기인지, 또는 플라스틱인지, 금속으로 자원화할 수 있는 쓰레기인지, 도대체 어떤 쓰레기로 분류해야 하는지 고민해 본 경험은 없는가? 재질이 무엇인지 알 수 없는 경우도 있고, 한 제품에 여러 가지 재료가 섞여 분리할 수 없는 경우도 있다. 여기에서도 기술은 시민의 협력을 거부하고 있다. 사람들이 이렇게 기술에 배반당한 기분을 느끼는 것은 조금도 이상한 일이 아니다. 이와 같은 경험이 쌓이게 되면 마침내 기술에 대한 불신감마저 싹트게 된다.

블록식 TV의 제안

복잡하고 이해하기 어려운 현재의 기술을 누구나 이해할 수 있는 것으로 만드는 일이 당장에는 무리일지도 모른다. 그러나 시민이 다소라도 접근할 수 있도록 기술을 바꿀 수는 있을 것이다.

나는 10년 전부터 블록(block)으로 분할할 수 있는 TV를 제안해왔다. 큰 TV도 10개 정도로 분할하면 하나씩 들고 다닐 수 있다. 또한 어떤 블록이 고장났는지 사용자가 간단히 알 수 있다. 고장나면 TV를 열어서 고장난 블록을 끄집어낸다. 출근길에 그 블록을 대리점이나 전파상에 가져간다. 돌아오는 길에 수리가 끝난 블록이나 교체된 새 블록을 받아온다. 집에 가져와 제자리에 끼우면 TV를 볼 수 있게 된다. 이런 식으로 만들 수 없겠느냐고 제조업체에게 제안해보았지만 10년 전의 대답은 『가격이 비싸져서 아무도 사지 않을 겁니다』라는 것이었다.

그러나 그 후에 여러 경로로 조사해보니 실제로 수리를 해주는 서비스 센터 등에서는 그러한 방식으로

처리하고 있다고 했다. 이미 실현되고 있다는 말이다. 그렇다면 왜 한 발 더 나아가 일반 소비자도 그 기술을 이용할 수 있도록 배려하지 않는 것일까? 『위험하기 때문에 그렇다』라는 변명 등도 있을지 모르지만, 역시 테크노모노폴리의 사고방식이 밑바닥에 깔려 있는 것은 아닐까? 그렇더라도 최근 몇몇 기업에서는 이 블록식 TV의 컨셉트를 가지고 제품개발에 임하고 있다고 한다. 소비자는 자신이 주체적으로 관여할 수 있는 제품을 원하고 있다. 그러한 소비자의 의식을 무시하고 이른바 자기만족 위주의 제품을 계속 만들어내고 있는 기업이나 개발자는 스스로의 토대를 위태롭게 하고 있다는 사실을 하루빨리 깨달아 방향 전환을 모색해야 할 것이다.

제 2 장

사회에 대한 기술의 책임

영국에서의 학술 외교

일본의 기술개발은 구미를 쫓거나 추월하는 방향으로 진행되어왔다. 그 결과 기술은 급속하게 발전했으나 다른 한편으로는 시민의 기술 이탈이라는 폐해가 생겼다. 이와 같은 현상은 일본에서만 일어나는 것일까? 시민의 과학기술 이탈이 진행되고 있는 것은 비단 일본의 이야기는 아니다. 나라에 따라 상황은 다르지만 대부분의 선진국이 같은 문제를 안고 있다. 외국의 경우 시민과 기술의 관계는 어떠한 상태에 있을까?

나는 1995년 2월~1996년 1월까지 일본학술진흥회 런던 연구연락센터의 초대 소장으로 일했다. 영국과 일본은 둘 다 선진국이라는 것, 오랜 역사를 지녔다는 것, 시민의 과학기술 이탈에 고민하고 있다는 것 등 공통점을 갖고 있다. 한편 최근의 경향은 영국이 실용과학·기술 지향인 데 반해, 일본은 기초과학을 지향한다는 차이가 있다. 이러한 점에 대해 영국의 과학·기술 관계자와 의논할 수 있었다는 것은 매우 뜻 있는 일이며, 1년의 임기 동안 학술 외교에 공헌할 수 있는 계기였다고 생각한다.

학술 외교란 우선 영·일 과학기술 관계자 간의 이해를 심화시킴으로써 서로의 계발을 도모하는 것이다. 그것으로 끝난다면 관계자만이 이익을 얻는 테크노모노폴리가 되고 만다. 이익이 양국의 과학·기술 관계자에 국한되어서는 안 된다. 나는 양국의 상호 이해와 상호 계발에서 얻어진 지견(知見)을 세계에 알리자고 호소해왔다. 단지 양국의 과학·기술 발전에 기여하는 것만이 아니라, 세계의 과학·기술과 사회를 위해 공헌하려고 한 것이다.

과학·기술과 사회

학술진흥회 런던 연구연락센터 소장으로 학술 외교를 펼치는 데 영·일 합동 심포지엄을 개최하려고 생각했다. 영국에는 오랜 친구가 있어 부임 직후 합동 심포지엄을 제안했더니 즉석에서 내 취지에 찬동해주었다. 양국이 진지하게 나서지 않으면 안 되는 과학·기술과 사회의 관계를 주제로 삼는 문제도 곧바로 결정이 되었다. 그리하여 1995년 10월 19일과 20일 옥스퍼드 대학에서 「과학·기술과 사회(Science and Society)」라는 주제로 심포지엄을 열었다. 일본 학술진흥회와 영국 연구협의회가 연합해 공동 주최했다. 일본에서는 도쿄 대학 첨단과학·기술연구센터의 교수 등 여러 명이 참가했다.

사실 처음에는 이 심포지엄의 주제를 「과학·기술과 시민(Science and Citizen)」으로 할 예정이었다. 그러나 그렇게 정한 직후 같은 제목의 책이 출판되었기 때문에 같은 이름의 심포지엄을 개최하는 것이 문제가 되어 「과학·기술과 사회」로 변경했다. 그 후 《과학·기술과 사회(Science and Society)》라는 책이 출판되었는데, 이는 영국에서도 과학·기술과 시민 또는 사회의 관계에 대한 인식이 높아지고 있음을 반영하는 것이리라.

영국의 과학·기술에 대해 말할 때 한 가지 주의하지 않으면 안 되는 것이 있다. 영국에서 「사이언스(science)」는 과학과 기술을 포괄하는 의미로 쓰인다. 일본에서는 「사이언스」가 과학을 의미하고, 기술은 테크놀로지라는 말을 쓰는 것이 보통이다. 그래서 영국에서 주로 기술에 대해 이야기할 때에도 상대방이 「사이언스」라는 말을 주로 과학에 국한시켜 받아들여 혼란을 초래한 적이 있다. 기술에 대해 이야기하고 싶을 때에는 역시 「테크놀로지」라고 구별해서 쓰는 것이 논점도 명확해지고 오해도 생기지 않는다.

심포지엄에서는 우선 상호 이해를 도모했다. 심포지엄의 준비단계에서부터 느끼고 있었으나 영국의 연구자, 기술자, 과학·기술 행정 종사자 들은 내가 상상하고 있는 것보다 사회와 과학·기술의 관계에 대해 훨씬 더 진지하게 생각하고 있다는 사실을 알게 되었다. 그리고 두 나라 모두 시민의 과학·기술 이탈이 큰 문제가 되고 있다는 공통인식을 얻었다.

퍼블릭 언더스탠딩

시민의 과학·기술 이탈을 어떻게 저지할 것인가? 영국측의 키워드는 「퍼블릭 언더스탠딩(public under-standing)」이었는데, 이 말을 빈번하게 사용했다. 영국의 대학과 과학·기술에 관계하는 행정기관이나 재단 등에는 반드시 「퍼블릭 언더스탠딩」 담당 부서가 있어, 과학에 대한 시민의 이해를 높이고자 적극적인 활동을 전개하고 있다. 이 부서는 대단히 중시되고 있다. 따라서 어떤 조직에서든 이 부서를 담당하고 있는 사람은 결코 주류에서 벗어난 사람이 아니며, 가장 유능하고 인격적으로도 우수한 사람이다.

이러한 활동은 최근에 시작된 것이 아니라, 마이클 패러데이(Michael Faraday : 1791~1867) 시대부터 활발히 전개되어왔다. 패러데이는「패러데이의 법칙」을 비롯해 여러 가지 발견을 한 저명하고 우수한 화학자이자 물리학자이며, 왕립과학연구소에서 일반인을 위한 강연도 실시하여 호평을 받은 것으로 전해지고 있다. 영국의 과학자는 과학에 대한 관심을 넓히려는 의욕이 일본의 학자나 연구자보다 훨씬 왕성하다. 나도 영국을 떠나기 직전에 왕립과학연구소의 패러데이 강연회에 초청을 받아 참석한 적이 있었다. 간명하고

패러데이 강연회

영국의 왕립과학연구소에서 패러데이가 시작한 이래 계속되고 있는 강연회로서, 어린이를 위한「크리스마스 강연회」와 1년에 20회 정도 금요일 밤에 진행되는「금요 강연회」의 두 가지가 있다. 어느 쪽이나 패러데이가 행한 과학 강연 형식을 좇아 실험을 하면서 진행된다.

알기 쉬운 실험을 곁들인 즐거운 강의로 비전문가에게도 재미를 만끽하게 하는 강연이었다.

퍼블릭 커미트먼트

영국에서는 앞에서 말한 바와 같이 퍼블릭 언더스탠딩이라는 키워드 아래 시민의 과학·기술 이탈 대책으로서 연구자가 하고 있는 일을 일반 사람들에게 이해시키고 지지를 얻기 위해 열심히 활동하고 있다. 그러나 나는 그것만으로는 불충분하다고 생각한다. 이해만으로는 과학·기술을 추진하는 쪽의 논리나 이익을 납득시키려는 일방통행식의 뉘앙스가 지나치게 강하기 때문이다. 짓궂은 표현을 쓰자면 정당화인 셈이다. 지금 요구되고 있는 것은 시민이 과학·기술에 대해 주체적으로 관여하게 할 수 있는 방안이다. 그래서 내가 제안한 것은 퍼블릭 커미트먼트(public committment), 또는 퍼블릭 인볼브먼트(public involvement)라는 사고방식이다. 그런데 일본에서는 퍼블릭이란 말이 붙는 어휘로서「퍼블릭 억셉턴스(public acceptance)」가 흔히 쓰인다. 나도 전에는 이 말을 쓰고 있었지만 미국에서 알아보니 퍼블릭 억셉턴스라는 말에는『이러한 기술과 제품이라도 참고 써줄 수 없겠는가』라는 의미가 들어 있으니, 주의해서 쓰라는 조언을 들은 적이 있다. 듣고 보니 확실히 『싫으면서도 어쩔 수 없이 받아들인다』라는 뉘앙스가 느껴진다. 그 후로 일반인이 적극적이고 주체적으로 지지할 수 있는 기술이 되어야 한다는 생각에서 「퍼블릭 서포트(public support)」라는 말을 사용하도록 했다. 그러나 지지만으로도 역시 부족하며, 오늘날 절실히 필요한 것은 「퍼블릭 커미트먼트」라고 할 수 있다.

과학을 즐기는 아마추어리즘

시민의 과학·기술 이탈은 영·일 공통의 문제지만 서로 다른 측면도 포함하고 있다. 영국에서 문제가 되고 있는 것은 사이언스가 학자나 아마추어의 지나친 취미로 변모했다는 점이다.

아마추어라는 것은 과학을 일로서가 아니라 취미로 연구하고 있는 사람이다. 영국의 헨리 캐번디시(Henry Cavendish : 1731~1810)라는 과학자가 있다. 캐번디시는 수소를 발견하는 등 화학과 물리학의 발전에 크게 기여한 몇 가지 업적을 남겼다. 그런데 그가 죽은 후 그의 노트를 살펴보니 옴의 법칙과 쿨롱의 법칙도 발견한 것을 알 수 있었다. 그는 이러한 법칙이 세상에 알려지기 전에 발견했으나 발표하지 않았던 것이다. 그의 이러한 연구는 오로지 자신의 흥미를 충족시키기 위해서만 이루어진 것 같다.

일본에서는 이와 같은 일이 있을 수 있겠는가? 자신이 발견한 것을 누군가 다른 사람이 먼저 발표해서 주목을 끌게 되면 틀림없이 『실은 내가 먼저다』라고 나설 것이다. 그러나 캐번디시는 그러한 반응을 보이지 않았다. 그는 유복한 귀족으로 유유하게 실험할 수 있는 여유가 있었으므로, 연구도 하나의 취미에 불과했던 것으로 추측된다. 그러므로 발표하는 일에 그다지 의의를 두지 않았다는 것을 이해 못하는 바는 아니다.

그러나 나라의 입장에서는 빨리 발표했으면 그만큼 도움이 되었으리라고 안타깝게 생각하는 것이 당연하다. 캐번디시 정도는 아니지만 현대에도 사이언스가 취미에 머물러 있어 일반에게 확산되지 않는 경향이 있다고 한다. 실제로 나를 초대해준 어떤 대학교수의 자택은 렌즈를 조합한 광학적 실험장치로 인해 발 디딜 곳이 없을 정도였다. 그 실험은 그의 일과 관련은 있지만 동기는 오로지 취미에서였다고 한다. 그렇지만 그는 저술을 좋아해서 자신이 알아낸 사실을 책으로 쓰기 때문에 사회에 알려진다. 그러나 전적으로 취미 삼아 실험하다가 대단한 사실을 발견하고도 세상에 발표하지 않는 경우는 사회의 측면에서 볼 때 안타까운 일이라고 할 수 있다.

과학이 아마추어의 취미에 머물러 있는 것이 문제라는 이야기는 일본인으로서는 잘 이해가 되지 않는다. 영국의 고민은 일본에서 보면 과학을 즐기는 건전한 아마추어리즘이 뿌리 내려 있다고 판단되기 때문이다. 즉 오늘날 일본에 결여되어 있는 것은 과학을 즐기는 일이다. 극단적인 표현을 쓰자면 일본에서의 문제는 과학이 취미나 즐거움으로부터 분리되어, 젊은이에게 과학은 수험을 위한 의무일 뿐이라는 데 있다. 영국에서는 과학이 딱딱한 학문이 아니라 인류의 지적 호기심을 채워주는 대상으로서 사람들에게 널리 인식되고 있다. 지적 호기심을 채우는 것은 인류 공통의 기쁨이다. 그래서 나는 과학을 좁게 제한하지 않고 즐기는 문화를 영국으로부터 배워야 한다고 생각했다.

그리하여 「과학·기술과 사회」라는 심포지엄에서
는 영국측 토론자 가운데 한 분인 세인트 앤드류스
대학의 신학부장에게서 「사이언스의 윤리」라는 화제
를 제공받았다. 신학부장이라고 하면 보통 목사라고
생각되는데, 이분은 오스트레일리아에서 변호사를 했
었다고 한다. 그러한 경력을 가진 분이 영국에 와서
유서 있는 대학의 신학부장을 맡고 있는 것이다. 일
본인의 감각으로서는 대단히 흔치 않은 것 같다.

영국은 국수주의가 강한 나라라고 생각하고 있었는
데 외국 출신이 요직을 맡고 있는 예가 많다. 존 메
이저 총리(John Major)의 과학·기술 고문도 오스트
레일리아인이다. 그리고 최근까지 「왕립협회(Royal
Society)」의 회장을 역임한 사람은 마이클 아티야
(Michael Atiyah)라는 이집트 수학자였다. 참고로 이
왕립협회의 회장 가운데 가장 유명한 이는 아이작 뉴
턴(Isaac Newton)이다. 이러한 협회의 회장을 외국인
에게 맡긴다는 것을 일본에서는 생각이나 할 수 있겠
는가? 일본이 좁은 것은 국토만이 아니다. 과학에
대한 사고방식도, 인사를 포함한 과학행정도 너무나
좁다. 영국에서 배워야 할 것이 너무도 많다.

즐겁지 않은 과학·기술

영국에서는 과학이 지나치게 아마추어의 취미가 되고 있는 것이 문제인 데 비해, 일본의 문제는 과학·기술이 지나치게 생활을 유지하기 위한 수단이 되고 있다는 것이 나의 의견이다. 자기 생활을 위해, 나아가 자신의 출세를 위해 유명해지고 싶을 뿐 즐거움이 부족하다. 따라서 비열함이 스며들게 되고, 결국은 「덕」과 「뜻」이 없는 기술로 이어지는 것이다.

특히 걱정스러운 것은 연구자의 얼굴에 생기가 없다는 점이다. 늘 무언가에 쫓기는 것 같으며, 전혀 자신의 일을 즐기고 있지 않다. 최근에는 대학도 자기평가나 외부평가제도를 도입해 경쟁하게 되었다. 대학에 경쟁원리를 도입하는 것 자체는 좋은 일이다. 그러나 연구자들이 살아 남기 위한 연구에만 치중하는 징후가 보이니 걱정스럽다. 일선 연구자가 1년 동안의 논문 수를 겨루고, 젊은 연구자가 박사학위를 따는 데 몇 개의 논문이 필요하다는 말을 듣는다(연구자의 업적평가 참조).

학생 지도도 엄격해지고, 학생은 지도교수의 언동

에 대단히 신경을 쓴다. 그로 인해 즐거운 마음으로
연구·발표하는 학생을 찾아 볼 수 없게 되었다. 심
각한 얼굴을 해야 진지하게 일한다는 평가를 받기가
쉽고, 즐겁게 일하고 있는 사람은 정당하게 평가되기
어려운 경향이 있는 것도 그 원인 가운데 하나일는지
모른다. 그러나 즐기는 경지까지는 가지 않더라도 열

연구자의 업적평가

연구자는 당연히 그 업적에 따라 평가되어야 한다. 그러나
현실적으로는 업적을 정당하게 평가할 수 있는 시스템이 없
다고 해도 과언이 아니다. 연구자의 영역이 지나치게 세분화
되었기 때문에 인접하는 영역의 연구자조차 이해하기 어려운
문제가 종종 생긴다. 객관적인 평가방법으로서 논문 수를 평
가하도록 되어 있으나 문제가 있다고 본다. 논문이란 그에
상당하는 학회지에 투고해서 심사에 합격한 것을 말한다. 연
구자와 그 지도자는 논문의 수를 늘리는 데 최대의 노력을
경주한다. 그 결과 심사에 합격하기 쉬운 논문이 늘어난다.
독창성이 풍부하고 전문영역을 초월하는 보편적인 연구는 경
쟁원리에 밀려 배제되고 만다. 박사학위를 취득할 때까지의
최저 논문 수는 분야에 따라 다르지만 응용화학계인 경우에
는 과정박사가 3편, 논문박사가 7~10편(경력에 따라 차이가
있다)이다.

정적인 연구자가 줄어들고 있는 것이 현실이다. 이것
이 일본의 과학·기술 현장이 안고 있는 큰 문제 가
운데 하나라고 생각한다.

경쟁의 세 가지 악

최근 다른 분야에서도 과도한 경쟁에 따른 폐해가
눈에 띄게 늘어나고 있다. 나는 이것을 경쟁의 세 가
지 악(惡)이라고 부른다.

첫째는 「앞서기 경쟁의 폐단」이다. 독창성이 가장
중시되므로 세계에서 최초로 연구했다는 것을 자랑하
게 되고, 새로운 점을 발견하든가 생각하게 되면 지
체 없이 발표한다. 이러한 행동 자체가 나쁜 것은 아
니다. 정보는 독점하지 말고 적극적으로 공개해야만
하기 때문이다. 발견한 내용을 즉시 발표하기는 하는
데, 아무도 그 옳고 그름에 대해 검증하지 않는 경우
가 많아졌다. 이러한 현상이 가장 심한 곳은 미국으
로, 앞서기 다툼에만 열중한 나머지 후속 대책이 없
다. 진실을 판가름할 수 없는, 새로운 것만이 세상에
범람하고 있다. 이래서는 연구자의 자기만족과 공명
심만을 충족시킬 뿐 사회를 위해서는 도움이 안 된

다. 뒤따르는 사람이 아무도 없기 때문에 발전할 수 없는 것이다.

두번째 폐해는 주로 일본에서 일어나고 있는「유행을 따르는 폐단」이다. 전망이 있어 보이면 모두 일제히 같은 주제를 연구한다. 세라믹 분야에서는 초전도붐(超電導 boom)이라고 불리는 소동이 있었다. 당시에는 초전도 세라믹을 연구하지 않는 세라믹 연구자는 이상한 사람으로 취급되는 풍조마저 있었다. 모두가 유행 주제를 연구하고 싶어하는 데는 업적평가 방법에도 원인이 있다. 그 연구가 다른 연구자에게 어느 정도 인용되고 있는지를 나타내는 인용 지표(citation index)로서 연구업적이 평가되기 때문이다. 학계에서 유행하고 있는 연구를 하면, 그 내용을 서로 인용하기 때문에 꽤나 업적이 오른 듯이 보이기

인용 지표

여기에서 말하는 「인용」이란 이전에 발표된 어떤 논문을 참고해서 그 연구가 기획되었는가를 나타내는 것이다. 인용되는 건수가 많은 논문일수록 그 학문분야의 발전에 많은 공헌을 했다고 생각하는 것이 인용 지표에 의한 업적평가의 근거가 되고 있다.

때문이다.

그러나 유행하는 주제 이외에도 연구해야 할 것은 많다. 모두가 유행 분야만을 연구하고 다른 중요한 분야가 소홀히 취급된다면 곤란하다. 붐을 이루는 주제 이외의 연구를 하고 있는 사람은 정당하게 평가받지 못하는 경우가 있다. 소박하고 착실하게 성과를 쌓고 거의 실용화 단계에까지 이른 연구가, 유행하고 있는 주제가 아니라는 이유로 가벼이 여겨져 빛을 못 보는 경우는 없는가? 또 일본인의 경우 대부분 외국에서 시작된 연구를 뒤따르고 있기 때문에 남이 발견한 씨앗 속에서 괜찮은 것만을 골라서 기른다는 비난을 받게 된다.

나머지 하나는 「파벌주의(sectionalism)의 폐단」이다. 나는 이것을 이스티즘(istism)의 폐단이라고도 말한다. 이스트(-ist)란 전문가를 말하며, 따라서 이스티즘은 전문가주의라는 의미에서 지어낸 말이다. 어떤 학회, 어떤 전문가 집단의 평가만을 염두에 두고 연구하는 것이 이스티즘이다. 다른 분야의 평가 따위는 전혀 고려하지 않는다. 자기가 득을 보는 분야의 평가만을 염두에 두고 노력하는 것이다. 자신들만의 논리로 자신들만의 번영을 도모하며, 다른 분야의 사람이 들어오는 것을 막는다.

전문가 집단이 단결해서 그 분야의 발전을 도모하기 위한 정보교환 매체로 태어난 것이 학회이고, 그 간행물이 학회지다. 학회지에는 연구논문이 투고되고 학회의 유식자와 권위자가 그 논문을 심사한다. 그리하여 그 분야에 이익이 되지 않거나 그 집단의 논리에 위배되는 연구논문은 배제된다. 현대의 과학·기술은 전문화가 진행되고 있으며, 학회나 학회지 역시 세분화되어가고 있다. 그 결과 극소수의 연구 패거리들 사이에서만 읽히는 학술잡지도 많다.

일찍이 재활용에 관한 연구는 뒷전이고 새로운 발견만이 참 연구라는 논리가 대부분의 재료 관련 학회에 통용된 적이 있었다. 아니, 지금도 그럴지 몰라 걱정이 앞선다. 학회 내에만 들어앉아 재활용이야말로 사회에 무엇보다도 필요한 것이라는 현실을 인정하지 않으려는 경향이 아직도 느껴지기 때문이다. 이와 같이 전문가 집단 내부의 가치관이 우선하고 사회 전체의 문제가 보이지 않게 되면, 그 분야에서는 통용되더라도 사회에서는 통용되지 않는 폐단이 발생한다. 그 결과 일반 사람들이 바라지 않는 방향으로 기술이 멀어져가는 폐해가 생기고 마는 것이다.

「알 권리」로부터 「관여하는 권리」로

　과거에는 「전문가의 말」은 결정적이었으며, 대개의 사람은 군말 없이 조용히 듣고 있었다. 그러나 전문가 집단의 결정이 실제로 큰 문제를 일으켰던 예가 차례로 밝혀지면서 많은 시민은 전문가의 결정에 대해 불신과 반발을 품게 되었다.

　그 한 예가 영국에서 북해 유전시설의 해양 투기문제였다. 이 화제는 앞에서 말한 심포지엄 「과학·기술과 사회」에서도 의제로 올려졌다. 해저 유전에서 썼던 채굴기계를 바닷속에 폐기하겠다는 석유회사의 결정을 영국 정부가 허가했는데, 시민의 반발에 부딪혀 계획을 취소했던 사례다. 이는 해양투기가 환경에 미치는 영향을 염려하는 시민의 소리에 대해 정부가 충분히 설명할 수 없었기 때문에 발생한 사건이지만, 시민의 반발이 거셌던 이유는 그것만이 아니다. 정부가 시민의 양해를 얻지 않고 결정을 내린 데 대해 반발했던 것이며, 일반 시민과 전혀 상의도 없이 이처럼 중요한 결정을 내린 데 대한 반발이 대단히 컸다고 할 수 있다.

결국 해양 투기는 중단되고 대안을 공모했다고 한
다. 현재로서는 그 결과를 알 수는 없으나 역시 해양
투기 쪽으로 결정됐을지도 모른다. 그러나 설사 그러
한 결정이 내려진다 해도 중요한 것은 일반사람들의
의견을 들었다는 사실이다. 문제점이 전혀 없는 멋진
안 따위는 아마도 없을 것이다. 생각할 수 있는 어떤
방법을 취하더라도 거기에 따르는 얼마만큼의 해가
있을 수 있다. 실제로는 그 가운데서 최적의 방법을
선택할 수밖에 없다. 그 때 일반사람들의 의견을 듣
는다는 자세가 중요한 것이다. 시민의 반발은 양해를
얻지 않은 채 결정하고 행동한 데 대한 의사표시이
며, 전문가의 독단적인 밀어붙이기식 논리를 용서할
수 없다는 것이다. 상의해준다면 함께 생각해보자.
비록 그것이 최선의 방법이 아니라 할지라도 자신들
이 논의에 참여해 내려진 결론이라면 양해하겠다는
것이 시민의 자세다.

영국에서는 이처럼 시민에게 의견을 묻지 않으면
행정도 전문가도 기술적 행동을 취할 수 없게 되어
있다. 이 사례는 퍼블릭 언더스탠딩만으로는 불충분
하며, 퍼블릭 커미트먼트가 필요해졌다는 것을 상징
하고 있다. 시민의 요구는 기술을 이해할 수 있게 하

라는 것으로부터 그 결정에 자신들의 의지를 반영시
켜달라는 방향으로 변해가고 있다.

「알 권리」에서 「관여하는 권리」로 요구가 변하기
시작했다. 이른바 시민에 의한 「기술의 민주화 요
구」라고 할 수 있을 것이다.

기술민주화 도상국 일본

반대로 일본에서는 아직도 과학·기술이 자신들의
논리와 이익을 강조하는 전문가 집단에 의해 지나치
게 독점되고 있다. 자신들이 옳으므로 맡겨두면 된다
는 전문가의 논리를 시민에게 강요하고 있다. 그리고
최근에는 사회정세의 변화로 인해 이 논리가 돌연히
파국을 맞게 되는 사례를 자주 보게 된다. 경제나 의
료 분야에서도 전문가나 담당자가 책임을 추궁당하는
경우가 심심찮게 발생하고 있다. 같은 문제가 잠재하
고 있는 것은 아닌가 하는 의문이 생겨, 그 결과 일
본에서도 전문가의 판단이나 결정에 대한 불신과 반
발이 시민 사이에 생겨나고 있다.

시민이 기술에 대한 관여를 요구하는 「기술의 민주
화」, 즉 테크노데모크라시의 필요성을 나타내는 전형

적인 예가 1995년 말에 일어난 고속증식로「몬주」의
2차 냉각관 나트륨 누설 사고와 그에 따른 인사 조치
였다. 이 사고 후 사고 현장을 촬영한 비디오를 짧게
편집한다든가 핵심부분을 잘라내는 등 사고에 대한
은폐·조작 행위가 이루어졌다. 정보를 독점하려는
의식, 테크노모노폴리를 지킨다는 의식이 작용하고
있었던 것이다. 그러나 정보 은폐가 탄로나자 지체
없이 행해진 관계자의 경질을 통해 세상이 바뀌었다
는 점이 명백히 드러났다. 이제는 정보를 철저히 공
개하는 것이 강력한 시대적 요청이라는 사실이 이 인
사를 통해 드러났다고 할 수 있지 않을까? 사실 영
국에서는 이 조치로 인해 일본에 대한 평가가 높아졌
다. 사고를 일으킨 사람이 처벌받는 것은 당연한 일
이지만 정보를 은폐한 사람까지 처벌한 것을 높이 평
가해『일본은 좋은 나라가 되었다』라고 말하는 것이
다. 이것을 칭찬으로 받아들여 무턱대고 좋아할 것도
없지만, 퍼블릭 언더스탠딩을 적극적으로 행해온 영
국에게 조금은 인정받은 셈이다.

　　정보를 은폐하면 할수록 시민은 기술을 신용하지
않게 된다. 「몬주」 사건은 정보를 공개하고 원자력
발전의 필요성과 안전성에 대한 공감대 형성의 필요

성을 부각시킨 사례였다.

사회에 대한 기술의 책임

영국에서는 정치가와 관료도 과학과 기술에 대한 공부를 게을리하지 않는다. 사회와의 관계를 생각하며 과학·기술 개발의 초기 단계에서부터 시민의 소리를 듣는다. 행정, 시민, 전문가 3자 간의 토의를 행하는 것이다.

나도 과학·기술재단 모임에 초대되어 인간의 유전자 해명 적용을 둘러싼 윤리와 입법에 관한 공개토론회에 참가하는 기회를 얻었다. 인간의 유전자 판정에 대해 일본에서는 과학을 위해 반드시 필요하다는 입장을 고수하고 있지만, 영국은 굳이 동의하지 않는 나라라는 사실을 이 토론회를 통해 알게 되었다. 이 모임의 주제를 제공한 것은 영국 의회의 과학·기술위원회 위원장과 유전자공학 연구자, 그리고 시민과 어머니의 입장을 대표하는 여성 과학·기술윤리연구자 등 삼자였다. 토론 내용은 인간의 유전자 진단에 대해 사회적으로 어떻게 받아들여야 하는가에 대한 문제였다.

유전자를 해석함으로써 숨겨져 있는 병도 판명된다고 알려져 있다. 이러한 일 자체는 과학으로서는 대단히 흥미 있고 바람직한 것이라고 생각한다. 그러나 이것이 사회에 미치는 영향은 크다. 질병으로 판명된 본인이 받는 영향은 어떠할까? 진단을 받지 않겠다는 권리도 생각해볼 수 있겠지만 구체적인 문제로서 생명보험 문제가 대두된다. 진단 결과에 따라 보험료가 달라지기 때문이다. 진단결과가 좋은 사람은 싸게 먹히지만, 중대한 유전병이 숨겨져 있는 사람의 보험료는 높아질 것이다. 물론 진단을 거부할 권리는 있지만 「진단을 받지 않는」 경우에는 고율의 보험료를 물게 될지도 모른다. 그렇게 되면 싫든 좋든 진단을 받지 않을 수 없다. 모두가 진단을 받지 않으면 안 되는 것인가, 진단을 거부한 사람이 불이익을 당하지 않도록 입법에 신경을 써야 한다는 의견 등이 제기되었다. 명확한 결론이 나지는 않았지만 토론은 철저히 이루어졌다.

또한 태아의 유전자를 조사한 결과 잠재적인 결함이 발견된 경우라든가 중대한 병이 발견된 경우의 인공유산 문제도 토론되었다. 사실 누구나 반드시 유전적인 결함을 지니고 있다. 단지 그 결함이 나타나느

냐 나타나지 않느냐 하는 점이 다를 뿐이다. 결함이 있다고 해서 인공유산을 하게 되면 아기가 한 명도 태어나지 않게 될 염려가 있다. 그렇게 되면 인류는 멸망해버린다. 따라서 어느 정도의 결함까지 인공유산을 인정할 것인가, 어머니가 판단해도 좋은가, 법으로 어떤 정도까지 규제할 것인가 하는 문제가 부각된다. 어떤 유전자를 모조리 파괴시키면 종(種)의 다양성이 상실되고 전멸로 이어질 우려가 있기 때문에 유전자 진단 결과에 관계 없이 인공유산을 허용해서는 안 된다는 의견도 있다.

영국에서는 이러한 문제에 대해 행정 관계자, 학자, 일반시민이 의논을 한다. 정부가 입법화할 때에는 이러한 의논이 반영된다. 일종의 공청회인 셈이다. 공청회가 역할을 제대로 수행하지 못하고 있는 일본의 현실과 비교해볼 때 큰 차이가 있다. 전부터 폭넓은 의견 교환 없이는 과학·기술의 건전한 발전이 이루어질 수 없다고 주장해온 나로서는 생생한 현장 체험을 통해 깊은 감동을 느낄 수 있었다. 이 주제는 과학·기술이 시민 생활과 밀접하고 중요한 관련을 맺고 있다는 사실을 각 개인이 피부로 느끼고 생각할 수 있는 기회를 제공했다. 또한 앞으로의 과학·기술 진행방향에 대한 문제점을 부각시키는 데도 일익을 담당하는 것이었다. 이러한 자리에 국회의원까지 참가하여 진정한 문제점이 어디에 있는가를 함께 생각하고 문제해결에 임하는 모습을 보고 부럽다는 느낌마저 들었다. 물론 연구자의 입장에서도 사회가 무엇을 느끼고 무엇을 우려하며 무엇을 지지하고 있는가를 파악한 연후에 연구를 해나가는 것이 사회에 대한 책무라고 할 수 있다.

이와 같은 의논 없이 연구개발이 이루어지고, 어느 날 갑자기 문제가 발생해 처리에 급급해하는 추태를 되풀이하고 있는 일본에 비해 얼마나 건전하고 합리적인가? 전문가는 하루속히 시민과 행정 담당자의 소리에 귀를 기울여야만 한다. 돌연한 파탄은 전문가는 물론 시민이나 사회 모두에게 불행한 일이기 때문이다.

자기의 의견을 갖고 있는가

그런데 이 공개 토론회 후의 만찬도 흥미 있었다. 같은 분야나 같은 업종의 사람이 나란히 앉지 않도록 자리가 배정되어 있어서 내 옆에는 노동당 의원과 시민이 자리했다. 어쨌든 내가 학자의 입장이므로 이와 같은 자리배치가 되었을 것이다. 자연히 다른 처지에 있는 사람과 다양한 이야기를 나누게 되었다. 토론된 주제에 관해 나는 이렇게 생각하는데 당신은 어떻게 생각하는가, 일본의 실정 등에 대한 의견이 오갔다. 그들은 모두 자신의 의견을 갖고 있었다.

이럴 때 자신의 의견이 없다면 대단히 곤란할 것이다. 이러한 자리에서 인간의 유전자 해석이라는, 일상으로부터 벗어난 문제에 대해 자신의 의견을 말할 수 있는 일본인은 적지 않을까 한다. 정당한 의견인가의 여부도 물론 중요하지만, 그보다는 자신의 의견을 갖고 있다는 사실이 더욱 중요하다. 영어는 그런대로 구사할 수 있지만 자신의 의견이 없기 때문에 외국인과 대화가 제대로 안 된다는 일본인이 적지 않다. 자신의 의견도 없을뿐더러 남에게 설명할 만큼 일본의 실정에 대해서도 모르는 것이다. 현재 자신과 직접 관계는 없더라도 사회적인 현안 문제에 대해 늘 사고하는 습관을 들여야 한다. 일본인에게는 평소 생각하는 습관이 결여되어 있는 것 같다.

일본인으로서는 그래도 의견을 갖고 있는 편이라고 스스로 자부하고 있던 나도 이 때는 한심하게도 『입법화는 신중하게, 이런 종류의 과학은 신중을 기해야 합니다』라는 말밖에는 하지 못했다. 영국의 국회의원에게는 『이러한 곳에서 일반 시민의 소리를 들을 수 있다는 것은 대단히 좋은 일이다. 영국은 참 좋은 나라다』라고도 말했다. 이것은 겉치레나 듣기 좋으라고 한 말이 아니라 나의 본심이었다. 아무리 살펴보아도 일본에는 이러한 장(場)이 없는 것 같다.

영·일 대학 비교

영국 체재 중에는 대학의 견학에도 힘썼다. 여러 곳을 방문했었는데, 인상에 남는 대학 몇 군데를 소개하고 싶다.

우선 글래스고 대학이다. 이 대학 교수의 제안으로 도쿄 대학 공학부가 생겼다고 한다. 전세계의 종합대학 가운데 공학부가 최초로 설립된 곳이 도쿄 대학이므로, 일본의 공학계 학부는 글래스고 대학으로부터 큰 도움을 받은 셈이다. 그 교수가 영국에서 공학부를 설립하자고 제안했을 때는 거부되었다고 한다. 공학계의 기술 같은 것은 단과대학에서 다루어야 하며, 종합대학에서 연구나 교육을 할 필요가 없다는 것이 그 이유였다고 한다. 그러나 산업 또는 기술의 발전을 위해 종합대학에 반드시 공학부를 만들어야 한다는 생각으로 일본에 제안했더니, 그의 의견이 받아들여져 공학부가 설립되었다고 한다. 이것이 도쿄 대학 공학부이며, 종합대학으로는 세계 최초의 공학부다. 이 이야기는 당시 도쿄 대학 첨단과학 · 기술연구센터 소장이었던 무라카미 요이치로(村上陽一郎) 선생께서 일러준 것이다. 이 이야기를 글래스고 대학에 가서 말했더니 그 곳 사람이 대단히 기뻐했다. 일본은 선견지명이 있는 훌륭한 나라라고 존중해주며 나를 대하는 태도가 달라졌다.

다음은 옥스퍼드 대학이다. 이 대학의 특징은 칼리지(college)라는 멋진 제도였다. 칼리지란 일종의 생활공동체, 이른바 기숙사와 같은 곳이라고 할 수 있다. 칼리지의 구성은 교수와 조교수 밑에 학생이 있는데, 학부별로 나누어져 있는 것이 아니라 학부의 구별 없이 여러 학부 · 학과의 사람들이 모여 있다. 여느 기숙사와 다른 점은 학생뿐 아니라 교수들도 함께 식사한다는 것이다. 칼리지에서 각자의 학부로 통학하게 되는데, 칼리지 내에는 전공이 다른 사람들이 많이 있다. 따라서 식사 때에는 전공이 다른 사람들

과 여러 가지 이야기를 나눌 기회가 일상적으로 마련
되어 있다. 자연히 자기 일을 다른 분야의 사람들에
게 납득시키도록 말하는 훈련을 매일 하고 있는 셈이
다. 그 덕분에 자신의 생각을 정리하고, 자신이 갖고
있는 개념을 체계적으로 생각할 수 있게 되며, 다른
사람에 대한 설명이 능숙해진다. 사람에게 설명한다
는 것은 단지 사실을 말하는 것만으로는 부족하기 때
문이다. 또 자연스럽게 다른 분야에서의 화제도 접할
수 있게 된다. 이것이 진정한 종합대학이라고 생각한
다.

일본에서는 이를테면 도쿄 대학을 종합대학이라고
하지만, 보통 공학부 사람은 공학부 사람하고만 얼굴
을 마주친다. 식사도 같은 학부 사람과 하게 된다.
학내에는 다른 학부 사람도 있건만 좀처럼 얼굴을 마
주칠 기회가 없다. 극단적으로 말하면 단과대학을 모
아놓은 것에 불과하다. 일본의 대학은 앞에서 말한
이스티즘에 빠지는 제도적 결함을 안고 있다고 해도
지나친 말이 아닐 것이다.

새로운 교수를 채용할 때에도 칼리지는 중요한 작
용을 한다. 교수는 반드시 칼리지에 속해 있어야 하
기 때문에 학부에서 교수를 채용할 때에는, 그 사실

이 칼리지에 통보되며 그 교수를 원하는 칼리지를 찾게 되는 것이다. 이 때 평판이 나쁜 교수는 칼리지에 채용되지 않는다. 그렇게 되면 학부에 채용되더라도 칼리지의 일원으로 인정받지 못하게 되어 대학에 있을 수 없게 된다. 학부에서는 순수하게 학문적 업적을 심사하지만 칼리지에서는 인격까지 심사한다고 할 수 있다. 매우 독특한 제도다.

케임브리지 대학도 옥스퍼드 대학과 어깨를 겨루는 명문 대학이다. 앞에서 말한 캐번디시의 이름을 딴 연구소가 있고, 재료공학의 연구 수준이 매우 높다. 노벨상을 수상한 제임스 윗슨(James Dewey Watson : 1928~)과 프랜시스 크리크(Francis Compton Crick, 1916~)가 유전자(DNA)의 이중나선 구조를 발견한 방을 볼 수 있었는데 그 곳은 현재 비서의 방이 되어 있었다. 기념실로 남기지 않은 이유를 물었더니, 노벨상 수상자가 너무 많아서 그렇게 하면 일상적인 연구를 위해 쓸 방이 부족하다는 대답이었다. 이 말을 듣고 일본은 후진국이라는 사실을 새삼 뼈저리게 느꼈다.

일본에는 별로 알려져 있지 않지만 워윅이라는 신흥 대학이 있다. 학제(學際) 영역의 연구가 특징인이 대학은 대단히 활발한 연구활동을 벌이고 있다. 품위를 지키면서 경쟁하고 있다는 느낌과 함께 경쟁주의의 장점을 잘 드러내고 있다는 인상을 받았다. 영국에 와서 여러 곳을 보고 결정한다면, 옥스퍼드가 아니라 이 대학에서 유학하고 싶다는 사람도 있을 것이다. 영국에 갈 기회가 있는 사람에게 꼭 견학을 권하고 싶다.

또 하나 소개하고 싶은 것은 레스터 대학이다. 내가 갔을 무렵에는 이 대학 출신 교수가 대학협회장을 맡고 있었다. 일본에서는 그런 자리라면 언제나 도쿄대학 총장이 차지하는데, 영국에서는 어느 대학 출신에게나 똑같이 기회를 주는 것 같았다. 이 대학에서 중점적으로 견학한 곳은 독·독성(毒·毒性)연구소였다. 어떤 화학물질의 독성을 조사하고 그 해독방법을 탐구하는 연구소다. 화학, 약학, 의학 전문가가 모인 대단히 훌륭한 곳이었다.

이와 같은 연구소를 어떻게 설립할 수 있었을까 궁금했다. 일본 같으면 독이라는 말만 들어도 연구소 설립에 반대하고 나설 것이다. 역시 주민의 의견을 철저히 듣고 이 연구의 중요성을 이해시키는 작업을 거듭했다고 한다. 대학 부설연구소 가운데 간판에

「독·독성」을 표기하고 있는 곳은 그 연구소뿐이라고 들었다.

일본에 결여된 것

영국인과 대학 이야기를 하는 가운데 일본에는 종합대학이 있는가 없는가에 대한 논의를 하게 된 적이 있다. 앞에서 옥스퍼드 대학의 칼리지를 소개하면서 분야가 다른 사람들이 일상적으로 대화를 나눌 수 있는 것이 진정한 종합대학이라고 말했다. 그것과도 관계되는 이야기지만 또 다른 관점에서의 논의였다. 그들의 결론부터 말하면 일본에는 종합대학이 없다는 것이었다. 일본의 종합대학에는 신학부가 없다는 것이 그 이유였다. 영국에서는 신학부가 없으면 종합대학으로 인정하지 않기 때문이라고 한다.

신학부는 기독교를 가르치는 곳이 아니라「신(神)」이나「인간이 사는 방법」, 즉「철학」을 생각하는 그룹을 의미한다. 도쿄 대학에도 철학 강의실은 존재하지만 그 정도의 그룹으로는 규모가 너무 적으며, 학부 정도의 규모는 되어야 한다는 것이다. 일본의 대학이 세계 100대 대학의 하위권에 겨우 턱걸이할 정도로 평가되는데, 이는 그들의 관점으로 보면 당연한 일일 것이다. 사물을 본질로 거슬러올라가 생각하는 습관이 일본인에게는 결여되어 있는 것이다. 그러한 교육은 신학부가 없으면 불가능하다는 것이 그들의 시각이다. 이를테면 옥스퍼드 대학의 칼리지에서는 신학부 사람과 일상적으로 의논할 기회가 있기 때문에 사물을 본질적으로 생각하는 습관이 몸에 배게 마련이다. 일본인에게는 그러한 습관이 없는 것이 아닌가라고 물어오면 대답할 말이 없다. 일본인에게 자신의 의견이 없고 일본의 기술에 「덕」이 없는 원인은, 본질로 거슬러올라가 생각하는 습관을 익히지 못했기 때문은 아닐까?

그러나 남과 비교해서 한탄만 하고 있을 수는 없다. 일본의 기술에 「덕」을 불어넣기 위해서는 어떻게 해야 하는가? 무릇 「덕」이 있는 기술이란 구체적으로 어떠한 것인가? 어떻게 해야 일반 시민이 주체적으로 기술에 관여할 수 있는가? 기술이 사회에 대해 책임을 지기 위해서는 무엇을 해야 하는가? 그러한 문제에 대해 기술에 깊이 관여해온 우리나라가 앞장서 제안해야 한다. 다음 장부터는 이러한 문제에 대해 구체적인 제안을 해나가고자 한다.

제 3 장

인텔리전트 재료의 필요성

스파게티 증후군으로부터의 탈피

제2장까지는 현대 기술이 안고 있는 문제점과 변혁의 필요성에 대해 말했다. 현대의 기술은 너무 복잡해져서 사회에 악영향을 미치고 있다. 기술은 일부 전문가만의 것이 되었으며, 시민은 이에 관여할 수 없다. 이 테크노모노폴리 상태에서 테크노데모크라시로 변혁하지 않으면 안 된다. 그러기 위해서는 테크노모노폴리를 불러일으키는 원흉인 스파게티 증후군을 극복해야 한다. 복잡해지고 본질 파악이 어려워진 기술을 가리켜「스파게티 증후군」이라고 부른다는 것은 제1장에서 설명했다. 스파게티 증후군을 극복하기 위해서는 기술을 복잡화가 아닌 간명화의 방향으로 이끌어야 한다. 즉 누구나 이해하고 알기 쉬운 기술을 개발하는 일이다. 그렇게 되면 일반 사람들도 기술에 주체적으로 관여할 수 있게 된다.

간명화라고 해서 현재 있는 기능을 저하시키자는 것이 아니다. 간단한 구조로 충분히 제 기능을 발휘

할 수 있는 기술을 개발하자는 것이다. 지금까지는 복잡하게 함으로써 고도의 기능을 실현시켜왔다. 그러한 사고방식에서 보면, 간명화를 통해 기능을 저하시키지 않을뿐더러 더욱 고도의 기능을 얻는다는 것은 불가능하다고 여길지도 모른다. 그러나 결코 불가능하지 않다. 필요한 것은「지혜」다.

기술의 간명화를 어떻게 진행시킬 것인가? 여기에는 여러 가지 접근방법이 있다. 나는 연구의 기초를 재료에 두고 있기 때문에 재료를 기본으로 해서 기술의 간명화를 생각해왔다. 그 결과 전부터 간명한 기술을 위해 재료 자체가 지능(知能)을 갖는, 즉「인텔리전트(intelligent) 재료」를 제안했다. 인텔리전트 재료는 테크노모노폴리나 스파게티 증후군으로부터의 탈피를 가능하게 해준다.

인텔리전트 재료란

인텔리전트, 다시 말해 지능을 갖는 재료란 어떤 것을 말하는 것일까?

나는 자율성을 갖는 재료라는 표현을 사용한다. 자율성이란 구체적으로 자기조절성, 자기수복성(自己

修復性), 자기진단성, 튜닝성(tuning) 등을 말한다. 이와 같은 어휘를 나열하면 일반인과는 인연이 없는 전문적인 성질처럼 받아들여질지도 모른다. 그러나 조금 생각해보면 자기조절, 자기진단, 자기수복 등은 생물이라면 반드시 지니고 있는 기능이라는 것을 알 수 있다.

자기조절성이란 주위의 상황에 맞추어 스스로 조절하는 성질이다. 우리 신체는 더울 때는 땀을 내어 체온이 지나치게 올라가는 것을 막아 자기조절을 하고 있다. 또 우리가 옷을 벗거나 입어 체온을 조절하는 것도 자기조절에 포함된다. 우리들은 또 『몸이 찌뿌듯하다』, 『머리가 아프다』와 같이 스스로 자신을 진단해서 쉬든지 약을 먹거나 병원에 가든지 해서 회복한다. 이대로 일을 계속하면 위험하다는 자기진단을 통해 휴식을 하는 것이다. 약간의 감기나 피로라면 누워 있기만 해도 낫는다. 대단치 않은 상처라면 내버려두어도 나아버린다. 이것이 자기수복이다. 이렇게 해서 생체는 인공적인 재료처럼 단단하지 않은데도 오랜 수명을 유지할 수 있는 것이다. 튜닝성이라는 것은 자기조절, 자기수복, 자기진단과는 조금 차원이 다른 특성이다. 이것은 자기조절을 확대 해석한 개념이라고 할 수 있다. 외부로부터 재료의 특성을 조절할 수 있는, 다시 말해 조율이 가능하다는 뜻이다. 예컨대, 사용할 때에는 재료의 강도를 높이고 필요하지 않을 때는 낮추는, 인간이 조절할 수 있는 성질을 가리킨다. 즉 사용하는 동안은 신뢰성이 있고 사용하지 않게 되면 재활용할 수 있는 현명한 재료를 말한다. 이렇게 안성맞춤인 재료가 과연 있을까? 그러한 재료의 예로서 부분안정화 지르코니아라는 물질을 이 장의 후반에서 소개하겠다.

인텔리전트 재료란 자기진단, 자기제어, 자기수복, 즉 스스로 생각하며 스스로의 상태를 알리고 스스로 조절이 되는 재료다. 나는 자기조절성, 자기진단성, 자기수복성, 튜닝성 가운데 어느 한 가지라도 갖고 있으면 인텔리전트 재료라고 불러도 좋다고 생각한다. 어느 하나를 취하더라도 재료 자체가 그 기능을 갖는 것이므로 기술의 간명화를 위해 대단히 도움이 될 것이기 때문이다.

오해받는 인텔리전트 재료

「인텔리전트 재료」는 일본에서 세계 최초로 제안한

말이며 개념이다. 일본의 기술 가운데 자랑할 만한 독창적인 주장이지만, 이 개념은 세계에서 거의 동시에 태어났다. 구미의 연구자들로부터는 「스마트 (smart) 재료」라는 말이 독립적으로 제창되었다. 그러나 스마트 재료는 기존의 고도기술화 노선의 연장선상에 놓인 개념으로, 복잡해도 좋으니 한 가지 소자에 되도록 많은 기능을 집어넣는 것을 부정하지 않는다. 인텔리전트 재료와 스마트 재료에 관한 많은 국제회의 결과 일본이 제안한 인텔리전트 쪽이 상위 개념으로 이해되기에 이르렀다. 그런데 최근「인텔리전트 재료」가 연구자나 기술자 사이에 잘못 인식되고 있는 것 같다. 「스마트 재료」와 같은 개념으로 생각하는 전문가가 많아졌다는 말이다.

인텔리전트 재료는「환경 조건에 따라 기능을 발현하는 능력을 가진 신물질과 재료」, 「센서 기능, 프로세서(processor) 기능, 액추에이터(actuator) 기능을 두루 갖춘 신재료」 등으로 정의되고 있다. 즉 재료가 자체적으로 상황을 감지할 수 있는 센서 기능, 센서가 얻은 정보를 바탕으로 판단하는 프로세서 기능, 그 판단에 의거해 행동하는 액추에이터 기능 모두를 구비한 것이다. 그러나 나는 이 정의에 전적으로 찬성하지 않는다. 이 정의가 오해를 불러일으키는 원인이 되고 있다고 생각하기 때문이다.

내 생각으로는 센서 기능, 프로세서 기능, 액추에이터 기능을 겸비하면서도 재료의 어떤 부분이 어떤 기능을 담당하는지 구별할 수 없는 것이 바로 인텔리전트 재료다. 나의 연구개발도 그러한 방향으로 진행시키고 있다. 이 부분이 센서이고, 이 프로세서가 판단을 행하며, 이 액추에이터에 의해 이 부분이 움직인다는 것은 센서와 프로세서와 액추에이터를 조합한 장치이지 재료는 아니라고 생각하기 때문이다.

그러나 이 정의가 잘못 해석되어 재료 내부에 이 세 가지 기능을 반드시 집어넣어야 한다고 생각하는 전문가가 늘고 있다. 강연 등에서 내가 개발한 인텔

프로세서

어떠한 처리를 행하는 장치. 일반적으로는 컴퓨터의 중앙처리장치(CPU)를 가리키는 경우가 많으나, 컴퓨터 시스템의 전체 또는 프로그램을 가리키는 경우도 있다.

액추에이터

기계장치를 작동시키는 모터와 같은 구동장치.

리전트 재료를 소개하면『그 재료에서는 어디가 센서고, 어디가 프로세서고, 어디가 액추에이터인가？』라는 질문이 반드시 나온다. 『혼연일체가 되어 있어 알 수 없다』라고 대답하지만 납득하지 못한다. 그뿐 아니라 그 재료의 특징이 주로 자기진단성에 있다고 말하면『그것은 인텔리전트 재료로서의 요건을 완비하고 있지 않으므로 인텔리전트 재료가 아니다』라는 말까지 듣는다. 진단하는 것은 센서이지, 프로세서 기능과 액추에이터 기능이 없으므로 인텔리전트가 아니라는 것이다.

인텔리전트 재료를 개발하는 진정한 이유를 전혀 이해하지 못하고 있는 것이다. 자율성을 갖추기 위해 재료를 복잡하게 만든다는 것은 본말전도다. 재료나 소재 내부에 센서, 프로세서, 액추에이터를 집어넣지 않으면 안 된다는 생각은 스파게티 증후군에 병든 사고방식이다. 인텔리전트 재료는 스파게티 증후군으로부터의 탈피를 위해 개발되어야 하는 것이다. 『자기진단 기능만으로는 인텔리전트가 아니다』라는 비판도 사회를 염두에 두고 있지 않다는 점에서 테크노모노폴리다. 사회적 공헌보다는 학문적 흥미만으로 연구한다면, 자기진단과 조절과 수복을 모두 행할 수 있는 재료를 구하면 좋을 것이다. 그러나 사회에 대한 공헌을 생각하면 우선 가장 중요한 것부터 개발을 진행시켜야 하지 않을까 한다. 기술을 간명화하는 방향에서 사회적 효과가 있는 요소가 하나라도 있으면 현재의 재료에 비해 인텔리전트라고 할 수 있다. 그러한 것을 인텔리전트 재료라고 부르자는 게 나의 입장이다.

유행하는 인텔리전트 재료를 개발하기 위해 점점 복잡한 것을 만드려는 경향도, 인텔리전트 재료라는 정의의 좁은 해석에 묶여 그 이외의 것을 배제하려는 경향도 현대 기술이 안고 있는 문제 가운데 하나다. 인텔리전트 재료를 개발하려는 기술자라면 그것이 왜 필요한지 다시 한번 잘 생각해볼 필요가 있다.

예로부터 있었던 인텔리전트 재료

내가 인텔리전트 재료의 정의에 전적으로 찬성하지 못하는 배경에는 또 하나의 이유가 있다. 인텔리전트 재료가 「새로운 재료」로서 정의되고 있기 때문이다.

물론 새로운 재료의 개발도 필요하다. 새로운 개념의 실험에는 새로운 재료가 필요하기 때문이다. 재료에 인텔리전트를 갖추는 것은 확실히 새로운 개념이다. 그러나 이 새로움은 단순한 새로움이 아니다. 기존의 연장선상에 있는 새로움이 아니라, 복잡하게 함으로써 기능을 얻고 복잡한 것을 고급이라고 여기는 생각을 완전히 바꾸는 것이므로 지금까지와는 근본적으로 다르다. 이와 같이 전혀 새로운 개념으로 지금 있는 재료를 다시 바라보면, 이미 많은 인텔리전트 재료가 사용되고 있음을 알 수 있다. 스파게티 증후군에 오염된 안경을 벗고 보면 많은 재료가 자기조절성과 자기수복성뿐 아니라 튜닝성까지도 갖고 있다는 사실을 보게 된다. 깨닫지 못하는 사이에 현명한 재료를 많이 사용하고 있는 것이다. 새로이 만들어진 것은 아니더라도 이와 같은 재료는 인텔리전트 재료라고 불러도 무방하다.

이미 존재하는 인텔리전트 재료 가운데 내가 가장 인텔리전트하다고 생각하는 것은 목재의 자동습도조절성이다. 예컨대, 세이소잉 고소쓰쿠리(正倉院·校倉造)의 목조부분은 습기가 있는 공기와 접촉하면 팽창하여 외기를 차단하고, 건조하면 틈새가 생겨 외기가 실내로 들어온다. 이와 같이 자동적으로 습도를 유지하면서 전기 따위는 일절 쓰지 않고서도 1000여

년에 걸쳐 보물을 보전해왔다.

한편 최근 만들어진 창고는 완벽한 공기 조절 기능을 갖추었다고 한다. 습도 센서, 재습기, 가습기, 온도 센서, 가온기, 냉각기, 그리고 이들을 제어하는 컴퓨터와 각종 보호회로 등 많은 장치가 필요하다. 정전이 되면 어떻게 할 것인지 물어보았다. 그러나 오늘날 일본에서는 정전 같은 사고는 거의 일어나지 않으며, 만일 정전이 일어나더라도 자가 발전시설이 있으니 격정없다고 했다. 그러면 정전이 매우 장기간에 걸쳐 일어난다면 어떻게 할 것인가? 석유가 부족해지면 어떻게 할 것인가? 이 평화로운 시대에 그런 일은 있을 턱이 없다고 대답한다. 그러나 그런 사태가 일어나지 않는다고 누가 단언할 수 있겠는가? 최근 세계 각지에서 예상도 못한 일이 일어난다는 것을 몸으로 직접 체험하고 있지 않은가?

고소쓰쿠리의 습도 조절 메커니즘은 말하자면 정전 상태에서 줄곧 가동되어온 것이다. 매우 단순한 구조만으로 1000년 이상 전력의 도움을 받지 않고도 보물을 지켜왔다. 최신식의 완전공기 조절기와 비교해서 훨씬 인텔리전트하다고 말할 수 있지 않겠는가?

좀더 근대적인 재료로는 선글라스나 빌딩의 유리창

에 사용되고 있는 포토 크로믹(photo chromic) 유리가 있다. 독자 가운데는 이 유리로 된 선글라스를 갖고 있는 사람도 많을 것이다. 빛이 닿으면 착색되어 빛이 통과하기 어렵게 하고, 빛을 받지 않으면 색이 사라져 빛을 통과시키는 유리다. 유리가 자체적으로 빛의 양에 따라 착색되거나 투명해지는 성질을 갖고 있다. 이것도 자기조절 기구라고 말할 수 있다.

두 종류의 저항가열소자

다음에 소개하려는 것은 대조적인 두 가지 세라믹 반도체다. 이 두 가지를 저항가열소자로 사용할 경우 한 쪽이 대단히 인텔리전트한 작용을 하게 된다.

포토크로믹 글라스

이 유리 속에는 은 입자가 들어 있는데, 빛이 닿지 않았을 때는 잘 분산되어 있다. 은 입자는 미세해서 가시광선에 아무런 영향도 미치지 않기 때문에 유리가 투명하게 보인다. 빛이 닿으면 은 입자가 모여들어 눈에 보이게 된다. 즉 착색이 되는 것이다. 빛이 쪼이지 않게 되면 은 입자는 다시 분산되어 빛을 통과시킨다.

〈그림 2〉에 저항가열소자로 사용하는 각 세라믹 반도체의 온도와 전기저항 관계를 나타냈다. 대부분의 반도체는 온도가 올라가면 저항이 줄어드는 오른쪽 그림과 같은 타입이다. 이것을 NTC 서미스터(thermistor)라고 부른다. 이에 대해 반도성 티탄산바륨($BaTiO_3$)이라는 물질은 왼쪽 그림과 같이 일정한 온도가 되면 급격히 저항이 증가하는데, 이것을 PTC 서미스터라고 부른다. 이 두 종류의 반도체에 전기를 흘려 가열한 후 일정한 온도로 유지할 때 어느 쪽이 안정성이 있는가를 고찰해보자.

먼저 오른쪽 그림의 NTC 서미스터를 이용해 온도

〈그림 2〉 두 종류의 저항가열소자

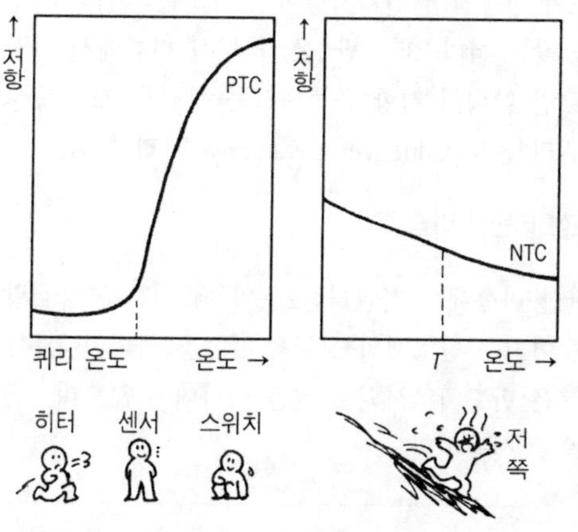

T로 제어하는 경우를 살펴보자. 이 경우 우선 현재 온도가 T보다 높은지 낮은지를 측정하는 온도계가 필요하다. 그리고 설정온도 T 이상이 되면 전류값을 줄이고, T 이하가 되면 전류값을 늘리는 제어를 한다.

NTC 서미스터

온도 상승에 따라 전기저항이 감소하는 서미스터. 서미스터란 thermally sensitive resistor를 줄인 말로 온도에 민감한 저항체를 말한다.

NTC는 negative temperature coefficient를 줄인 말로 음(陰)의 저항온도 특성을 지닌 것을 의미한다.

PTC 서미스터

온도가 상승하면 전기저항이 증가하는 양(陽)의 저항온도 특성을 갖는 서미스터. 반도성 티탄산 바륨에서 일정한 온도에 이르면 급격히 저항이 증대하는 성질을 PTC 특성, 그 온도를 퀴리 온도(Curie Temperature : T_c)라 한다.

반도성 티탄산 바륨

티탄산 바륨에 산화란타늄 등의 제2성분을 극소량 가미해서 만들어지는 반도체의 성질을 갖는 세라믹이다. 대개 티탄산 바륨은 반도체로서의 성질을 나타내지 않으며, 콘덴서 재료 등으로 사용된다.

그런데 이것은 대단히 어려운 일이다. 온도계의 온도가 제어해야 할 온도보다 높은 경우 가열을 위한 전류를 줄이면 되지만, 이 반도체 소자에서는 고온일수록 저항이 적어서 전류가 쉽게 흐르도록 되어 있다. 따라서 전압을 한껏 줄이지 않으면 전류가 흐르고 만다. 전류가 흐르면 온도는 점점 상승해서 저항이 감소한다. 그러면 전류가 점점 더 흐르기 쉬워지고 전류가 더욱 많이 흐르게 된다. 즉 제어하려는 온도로부터 벗어나는 방향으로 진행되기 쉬운 것이다. 전류를 줄이지 않으면 전류가 흘러 온도가 올라가고, 그 결과 저항이 작아져서 전류가 높아져 온도가 더욱 올라가 소자가 타서 끊어져버릴 우려가 있다.

온도가 낮은 쪽도 마찬가지다. 설정온도보다 낮아졌을 때는 저항이 늘기 때문에 전류가 제대로 흐르지 못한다. 전압을 적당히 조절해주지 않으면 전류가 흐르지 않아 온도가 내려가고, 그 결과 저항이 더욱 증가해 점점 더 전류가 흐르기 어려워진다. 따라서 온도가 내려가기 때문에 가열소자로서는 제 구실을 못하게 된다. 저온일 경우에도 설정온도로부터 벗어나려는 경향이 나타나는 것이다.

가장 확실한 것은 설정온도 이상이 되면 전류를 제

로로 제어하고, 온도가 내려가면 단숨에 전압을 거는 단순한 온오프(on-off) 제어일 것이다. 이 제어라면 급격한 온도 상승을 걱정할 필요가 없다. 그러나 이 경우 평균적으로 온도를 T로 유지할 수는 있지만, 가열과 냉각에 어느 정도 시간이 걸리므로 온도의 증폭이 커지고 만다. 이것을 개선하기 위해서는, 몇 분 경과하면 설정온도에 도달할 것이므로 차츰 전류를 줄이거나 늘려나가는 예측제어가 필요하다. 예측제어를 위해 측정회로나 예측회로가 필요하고, 또한 예측이 잘 안 되는 경우를 예상해 보호회로도 추가해야 한다.

더욱이 보호회로의 작동 여부를 체크하는 센서도 달아야 하며, 그 센서를 보호하는 회로도 추가해야 한다. 만일의 사태에 대비해 급격한 변화를 제어하는 회로도 덧붙여야 하고, 이런 식으로 점점 복잡해진다. 결국 스파게티 증후군의 두번째 징후에 빠져버리게 된다.

만일의 경우를 생각해서 취하는 조치를 일컬어 「안전장치(fail safe mechanism)」라고 한다. 이 예와 같이 걱정이 되면 안전장치를 이중삼중으로 붙이게 된다. 그러고는 『이것은 절대 안전하다. 보호회로가 5

단계나 붙어 있으니까」라고 선전한다. 많은 사람들이
이 선전에 감쪽같이 속는다. 「몇 겹으로 보호회로가
붙어 있으면 걱정없겠지」라고 생각하는 것이다. 그러
나 잘 생각해보자. 오히려 보호회로가 5단계나 필요
할 만큼 불안정하다는 의미는 아닌가?

자동제어 재료

　이에 대해 〈그림 2〉의 왼쪽 그림의 것은 어떨까?
반도성 티탄산 바륨 세라믹은 저항가열소자로 사용할
경우 일정한 온도를 얻기 위한 온도계나 복잡한 제어
시스템이 필요 없다. 〈그림 2〉에 나타난 것과 같이
이 소자는 재료에 고유한 온도, 즉 퀴리 온도까지는
저항이 작고 이 온도 이상이 되면 급격히 저항이 커
지는 특성을 나타내기 때문이다. 이 때 저항값의 변
화는 대단히 커서 몇 자릿수가 된다. 이 소자에 전기
를 흘리면 퀴리 온도까지는 급속히 가열된다. 퀴리
온도까지 온도가 올라가면 저항이 급격히 늘기 때문
에 거의 전기가 흐르지 않게 된다. 이 때문에 이 온
도 이상은 가열되지 않는다. 하나의 재료가 히터로서
의 역할뿐 아니라 온도를 감지하는 센서, 전류를 차

단하는 스위치의 역할도 하고 있는 것이다. 재료 자체적으로 이 기능을 수행하고 있기 때문에 『재료가 자기조절성을 갖고 있다』는 이야기다. 자동적으로 전류가 멈추는 자동제어는 재료 자체의 특성에 따른 것이므로 이 제어를 위해 회로를 추가할 필요가 없다. 예측이 벗어난다든가 회로가 작동하지 않을지도 모른다는 염려는 할 필요도 없다. 이 소자를 사용하면 잘못되더라도 퀴리 온도 이상으로 벗어나는 일은 없다.

이 두 가지를 기술적으로 비교하면 오른쪽 그림과 같은 것을 고급이라고 생각하는 사람이 많다. 스파게티 증후군에 걸려 있는 사람은 여러 개의 회로를 사용해 몇 단계의 안전장치가 설치되어 있는 복잡한 쪽을 진보된 기술이라고 치부해버린다. 그러나 복잡하지 않게 하는 방법이 있는 데도 일부러 복잡하게 할 필요는 없다. 회로가 늘어날수록 고장 확률도 높아진다. 왼쪽 그림처럼 재료 자체적으로 자기조절성이 있는 반도성 티탄산 바륨 세라믹에서는 복잡한 제어 시스템이 전혀 필요 없다.

단순한 구조로 같은 일을 할 수 있다면 그것이야말로 인텔리전트한 재료라고 말할 수 있다. 『구조가 너무나 간단해서 고급 기술로 보이지 않는다』라는 것이

유감일 정도다. 반도성 티탄산 바륨은 이불 건조기, 헤어드라이어, 최근 잘 팔리고 있는 세라믹 히터 등의 가열소자로 사용되고 있다. 급격히 저항이 늘어나는 온도인 퀴리 온도(곧 일정하게 유지되는 온도)는 재료의 조성에 따라 변화시킬 수 있기 때문에 용도에 맞추어 재료를 선택하면 된다. 이미 인텔리전트 재료가 과열될 염려가 없는 안전한 히타로서 사용되고 있는 것이다.

튜닝성 재료

지금까지 기존의 인텔리전트 재료를 몇 가지 소개했다. 어느 것이나 자기조절성이라는 자율성을 갖고 있다. 이 자기조절성을 확대 해석한 튜닝성도 인텔리전트 재료에서 중요한 요소라는 것을 이 장의 첫머리에 설명했다. 튜닝성을 갖는 재료란 이를테면 사용하고 있는 동안에는 자기수복 기능이 발휘되고, 폐기할 때에는 자기붕괴성이 작동하도록 성질을 바꿀 수 있는 재료다.

재료를 사용할 때와 정비할 때 또는 사용하지 않을 때의 성질을 〈표 1〉에 정리해보았다. 물론 재료로서

정비할 때 / 사용할 때 / 사용하지 않을 때	부서지기	
	어렵다	쉽 다
부수기 / 어렵다	부서지게 되면 뒤처리가 힘들다	약한 데서부터 부서지면 ×
쉽 다	◎ 매우 현명한 재료	어린이의 모래성 쌓기

바람직한 것은 사용할 때 잘 부서지지 않고, 폐기시킬 때는 잘 부서지는 재료다. 이러한 것이야말로 튜닝성을 갖는, 참으로 현명한 재료라고 할 수 있다.

재료는 튼튼하게 만드는 것이 보통이다. 잘 부서지지 않는 재료를 만들기 위해 못 쓰게 되었을 때를 생각지 않고 강도를 높이면 폐기 처리도 어려운 재료가 된다. 강도가 충분히 있는 재료라면 우선 문제가 없다고 생각한다. 사용할 때는 튼튼하고, 사용함으로써 강도도 떨어지게 되므로 못 쓰게 되었을 때는 부수기도 쉽다고 예상할 수 있기 때문이다. 그러나 아무리 강도를 높인 재료라도 부서지는 경우가 있다. 이러한 재료는 부서졌을 때의 뒤처리가 힘들다. 한신아와지 대지진 때 이러한 타입의 재료로 인해 애로가 많았다고 한다. 부서지기 어렵게 만들었기 때문에 부서지지 않고 남은 부분의 처리가 곤란했다는 것이다. 지진이 난 후 어느 정도 형체를 유지한 채 무너진 건물이나 도로가 많이 눈에 띄었다. 재사용할 수 있는 부분은 그대로 두고 사용할 수 없는 부분은 철거할 필요가 있었다. 그런데 재료가 튼튼하기 때문에 부수는 일이 매우 힘들었던 것이다.

지진 때 보았듯이 전체가 고르게 붕괴되지 않고, 극히 일부에 파괴가 집중되기 때문에 전체가 거의 부서지지 않은 채 떨어지거나 무너지게 되는 현상이 있다. 이와 같은 재료는 어떤 면에서 보면 「부서지기는 쉽고, 부수기는 어려운 구조」라고 할 수 있다. 구조의 일부가 약하고 다른 부분이 강할 경우 약한 부분이 들어나게 된다. 강·약의 불균형이 붕괴를 일으키는 원인이 되는 것이다. 요즘 채용되고 있는 손상감지 시스템에서는 파괴라든가 뒤틀림을 검지하는 센서를 구조물의 약한 부분에 설치한다. 센서를 효과적으로 작동시키기 위해 일부러 약한 부분을 설계하고 그곳에 설치하는 경우도 있다고 한다. 그러나 대지진에서 부서진 고가도로 등의 모습을 보면 약한 부분을 남겨두거나 일부러 설계해두는 방법은 근본적으로 잘못된 것이라고밖에 볼 수 없다. 약한 부분의 손상이 치명상이 되어 쉽게 부서져버리기 때문이다. 아무리 센서가 유효하게 작동되도록 궁리한들 부서저버리면 아무 소용도 없다. 아무리 부서지지 않도록 만들었다 할지라도 약한 곳이 있으면 큰 힘이 걸렸을 때 그 부분에 힘이 집중되어 붕괴되어버린다. 「부서지기는 쉽고 부수기는 어려운」 재료를 만드려는 사람은 아무도 없겠지만, 실제로는 그처럼 골치 아픈 재료를 많이 만들어내고 있다.

말이 나온 김에 부서지기도 쉽고 부수기도 쉬운 재료를 소개해보겠다. 어린이가 만드는 모래성의 구조를 생각해보자. 아무래도 공업재료로는 적당하다고 할 수 없지만, 그 나름대로 장점이 있다. 만들기 쉽고 부수기도 쉬운 것이다. 그러니 언제라도, 몇 번이라도 즐길 수 있다. 만들어놓은 것이 쉽게 부서지지 않는다면 다른 아이들은 놀 수 없게 된다.

지금까지 세 가지 타입의 소재를 소개했는데, 이제 남은 것은 부서지기는 어렵고 부수기는 쉬운 재료다. 사용할 때는 충분한 강도가 있어 부서지기 어렵고, 자기수복성이 있으면 더욱 좋다. 그리고 못 쓰게 되면 자기수복성이 없어지고 자기붕괴성이 나타나 쉽게 부서지는 재료다. 튜닝성을 갖춘 참으로 현명한

재료라고 할 수 있는데, 사실 이처럼 편리한 재료가
이미 존재하고 있다.

부분안정화 지르코니아의 예

부분안정화 지르코니아라는 세라믹이 있다. 이것은
세라믹 식칼, 세라믹 가위 등에 사용되는 재료로서
주성분인 지르코니아(ZrO_2)에 이트리아(Y_2O_3)나 칼
시아(CaO)와 같은 부성분을 몇 % 섞은 것이다. 이
재료는 100℃ 이하와 400℃ 이상에서는 대단히 강인
하다. 그 이유는 이 온도 범위에서는 외부의 힘이 가
해지면 결정구조를 변화시켜 힘을 흡수해버리기 때문
이다. 현재까지 파악된 메커니즘을 간단히 설명해보
자. 이 재료는 원래 1,100℃ 이상의 고온에서만 존재
하는 결정상(結晶相)이 혼합된 구조로 이루어져 있
다. 여기에 잡아당기는 힘이 가해지면 이 고온형 결
정상은 조금 부피가 큰 다른 결정상으로 변해버린
다. 일반적으로 파괴에 쓰이는 외부로부터의 이 에너
지를 결정상의 변화로 흡수해버리므로 부서지기 어려
운 것이다. 스스로 변신하는 것, 즉 자기조절을 이용
해 부서지기를 막고 있는 것이다.

부분안정화 지르코니아

순수한 지르코니아는 1,000℃ 부근에서 결정구조가 변화해 큰 체적변화를 일으키기 때문에 재료로 사용하기 어렵다. 지르코니아에 몇 내지 십여 %의 칼시아 등을 가하면 보통 2,370℃ 이상의 고온에서만 존재하는 결정구조가 모든 온도범위에서 안정되고 체적변화를 일으키지 않게 된다. 이것을 안정화 지르코니아라고 한다. 첨가하는 칼시아 등의 양이 이보다 적으면 고온안정형인 결정체가 부분적으로만 생성되기 때문에 체적변화를 일으키는 결정상이 섞인 구조가 된다. 이것이 부분안정화 지르코니아다.

이것만으로도 충분히 인텔리전트한 재료이지만, 이래서는 부서지기도 어렵고 부수기도 어려워진다. 그런데 〈그림 3〉에서 보듯이 이 재료를 200~300℃에서 장시간 방치하면 강도는 현저하게 저하된다. 힘을 흡수하는 고온형 결정상이 전부 변화해버려 힘을 흡수하지 않게 되는 것이다. 그뿐 아니라 안에서부터 팽창하는 힘이 커지기 때문에 약간의 충격에도 부서져 가루가 된다. 매우 약하고 부서지기 쉬운 재료가 된다. 더욱이 부서져서 생기는 분말은 입자의 지름이 균일하기 때문에 재이용이 가능하다. 다시 한번 열처

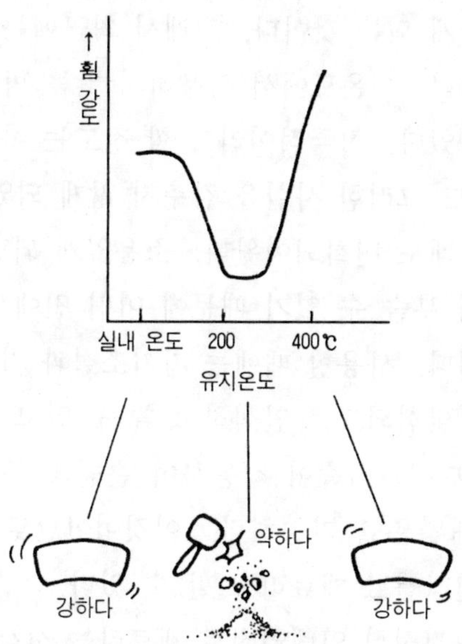

리를 하면 다시 튼튼한 것이 만들어진다. 잘 부서지
지 않고, 부수기는 쉬운 재료일 뿐 아니라 재활용도
용이하다.

〈그림 3〉과 같이 일정한 온도 안에서 강도가 저하
되는 현상이 발견된 것은 10여 년 전의 일로, 당시에
는 이 현상을 결점으로 여겼었다. 그래서 모두가 이
온도 범위 안에서 강도를 높이기 위해 노력했다. 그
런데 이 곳의 강도를 올리면 다른 온도 범위에서의

강도가 떨어지고 만다. 결점을 고치려고 하면 장점이 손상을 받게 되는 것이다. 그래서 최근에는 사용방법을 바꾸거나 그 온도에서 사용하지 않는 방향으로 생각이 바뀌었다. 적극적이라고 할 정도는 아니지만 사용자에게도 그러한 사실을 감추지 않게 되었다. 사용자와의 관계도 변화되어왔다. 소용없게 되면 이 온도에서 쉽게 부술 수 있기 때문에 어떤 면에서는 큰 장점인 것이다. 사용할 때에는 자기조절과 자기수복 메커니즘이 발휘되므로 안심하고 쓸 수 있고, 소용없을 때에는 그 메커니즘이 작동하여 손쉽게 부숴버릴 수 있으며 재활용도 가능하다. 이것이야말로 튜닝성을 갖는 인텔리전트 재료라고 할 수 있다.

이처럼 진정한 인텔리전트 재료라는 시각에서 기존 재료를 재조명해보면 많은 인텔리전트 재료가 이미 존재하고 있다는 것을 알 수 있다. 즉 인텔리전트 재료란 매우 단순한 구조에 자기조절성과 튜닝성을 갖춘 현명한 재료다. 한편 새로운 재료를 만들어내는 작업도 필요하다. 지금 나돌고 있는 복잡한 장치를 단순한 구조로 탈바꿈시키기 위해, 또 복잡한 시스템이 아니라 단순한 기구로 현재 요구되고 있는 기능을 달성하기 위해 새로운 인텔리전트 재료가 필요하다.

그렇다면 인텔리전트 재료는 어떻게 만들 수 있는가? 인텔리전트 재료를 만들기 위해 복잡한 것들을 덧붙이는 일은 본래의 목적에 역행한다고 이미 몇 차례 강조했다. 인텔리전트 재료는 기술을 간명화하고 시민이 기술에 주체적으로 관여할 수 있도록 하기 위해 필요한 것이다.

다음 장에서는 인텔리전트 재료를 만들기 위한 설계방법을 제안해보고자 한다.

제 4 장

인텔리전트 재료의 설계

대립하는 재료끼리의 조합

기술을 간명한 것으로 만들고 시민의 손으로 되돌리기 위해서는 인텔리전트 재료가 필요하다. 인텔리전트 재료에 대해서는 제3장에서 이미 존재하는 재료의 예를 몇 가지 들어 설명했다. 이미 존재하는 것의 재발견도 중요하지만 이번 장에서는 새로운 인텔리전트 재료를 만들 때의 접근방법에 대해 알아보도록 하자. 인텔리전트 재료를 만드는 일이 그리 간단하다고 생각하지 않을지도 모른다. 그렇지만 실제로 몇 가지 인텔리전트 재료가 존재하고 있다. 그것들은 어떻게 해서 만들어졌을까? 그 개발 과정에 인텔리전트 재료 설계의 힌트가 있다. 앞에서 말한 반도성 티탄산바륨과 부분안정화 지르코니아의 특성은 우연히 발견된 것이다. 사실 수많은 유용한 재료나 기능이 우연히 발견되고 있다. 발견 경로를 조사해보면, 거기에는 대립하는 재료끼리의 조합이 숨겨져 있다는 사실을 깨닫게 된다.

대립하는 성질을 갖고 있는 재료의 조합은 매우 흥미롭다. 내가 흔히 쓰는 예는 난류와 한류다. 난류와 한류가 만나 띠 모양으로 잔물결이 이는 곳에서는 고기가 잘 잡힌다. 그러나 난류와 한류를 섞어 평균온도로 해버리면 아무 현상도 일어나지 않는다. 물론 고기도 잡히지 않는다. 서로가 개성을 주장하고 상호작용하는 장(場)을 설정하면 흥미로운 효과를 얻을 수 있다.

A와 B를 합쳤을 때 서로 더하고 빼서 그 결과가 평균값이 되게 하는 작용을 선형 상호작용이라고 한다. 이 경우 두 종류의 물질을 섞었을 때의 성질은 예측한 대로 나타나며 의외성은 전혀 없다. 이에 대해 더하고 빼는 것만으로는 종잡을 수 없는 성질이 나타나는 것을 비선형 상호작용이라고 한다. A와 B의 조합으로 만들어지는 것이 A+B를 둘로 나눈 것이 아니라, 이를테면 A×B가 되는 것과 같은 현상을 가리킨다. 약간 달리 표현해보면 +A와 −A를 조합했을 때 영(Zero)이 되지 않고 ±Ai라는 허수가 되어 다른 차원으로 전환되는 현상이다.

비선형 상호작용을 이용한 인텔리전트 기능

기술은 간명해야 하며 그러기 위해서는 단순한 편이 바람직스럽다는 것이 나의 주장이지만, 너무 단순해지면 지혜가 나오지 않는다. 최소한 무엇인가 두 개를 조합하는 것이 필요한 듯하다. 대립하는 성질끼리의 조합으로 인텔리전트 재료를 만드는 구체적인 예를 살펴보자. 비선형 상호작용을 이용해 인텔리전트 기능이 얻어진 예를 〈표 2〉에 정리했다. 〈표 2〉의 재료는 모두 어떤 점에서 대립되는 성질을 갖는 재료의 조합으로 이루어져 있다.

마쓰시타 전기(松下電器)의 습도 센서에는 산성 물질과 염기성 물질이 혼합되어 사용되고 있다. 선형 상호작용이라면 산과 염기는 중화되어버린다. 또는 잉여부분만큼 어느 쪽인가 남게 된다. 이것이 빼기 계산이다. 그러나 이 센서의 경우에는 중화되는 것이 아니라, 산성 물질과 염기성 물질의 조합으로 습도 센서로서의 기능이 생긴다. 그 감습기구(感濕機構)는 산성 물질인 지르코니아(ZrO_2)와 염기성 물질인 마그네시아(MgO)의 접촉 계면을 따라 흐르는 전류가

〈표 2〉 비선형 상호작용을 이용한 인텔리전트 기능 설계

상호작용상	동작기구 가설	신규현상	응용 예	발견자
$MgCr_2O_4/TiO_2$	염-염기	습도에 의한 저항 변화	습도 센서	마쓰시타 전기
MgO/ZrO_2				
CuO/ZnO (NiO/ZnO)	p-n 접촉	습도 또는 용매에 의한 V-I 특성 변화	습도 센서 용매 검지	야나기다연구실
		CO 가스에 의한 저항 변화	CO 가스 센서	
SiC/BeO	p-n 접합	열전도성 전기 절연성	IC 기판	히타치제작소
AlN/Y_2O_3	산화-환원			도시바
AlN/CaO				도쿠야마소다
ZnO/Bi_2O_3		비옴성 저항체	바리스타	마쓰시타 전기
ZnO/Pr_6O_{11}				후지전기제조
CF/GF	2단파단 (고탄성/고인성) (전도성/절연성)	자기진단	파괴예지·기억	야나기다연·시미즈건설·종합경비보장

습도에 의해 변화되는 성질을 이용한 것이다. 이 센서에 사용되는 산성 물질과 염기성 물질은 모두 내화물로 사용되는 재료이므로, 이 센서는 고온에서도 사용할 수 있다. 바로 이러한 장점이 이 센서가 인텔리전트인 것과 밀접하게 관련되어 있다.

이 습도 센서는 전자 레인지에 사용되며, 가열된 식품에서 발생하는 수분을 검지한다. 이러한 곳에 쓰

이는 센서에서 문제가 되는 것은 식품에서 발생하는 기름기가 센서에 달라붙는 현상이다. 기름이 붙으면 습도 센서로서 작동하지 않게 되므로 기름기를 분해·처리하지 않으면 안 된다. 다른 센서에서는 기름기를 분해·처리하기 위한 회로를 붙여야 한다. 그런데 이 센서에서는 전자 레인지의 스위치를 넣으면 우선 고온으로 가열되기 때문에 기름기가 분해되어버린다. 내화물에도 쓰이는 재료이므로 고온에서 사용하더라도 전혀 문제가 없다. 기름이 분해되는 온도에서 사용하면 기름에 의한 센서의 기능열화(劣化)를 스스로 회복하면서 습도 센서로서 작동한다. 자기수복형 센서가 되는 것이다. 내화물과 같은 안전한 재료를 사용해 가열함으로써 이러한 자기수복 기구를 얻게 되므로 인텔리전트 재료라고 할 수 있다.

습도 센서에는 우리 그룹에서 개발한 p형 반도체인 산화구리와 n형 반도체인 산화아연의 조합을 이용한 것도 있다. 이것은 단순히 이 두 가지 물질의 조합만으로 가능한 것이 아니라, 극소량이지만 다른 물질이 필요하다는 사실을 최근 알게 되었다. 그러나 기본은 p형 반도체와 n형 반도체를 접촉시켜서 만든다.

습도 센서는 일반적으로 센서에 붙어 있는 수분량

p형 반도체, n형 반도체

　일반적으로 금속처럼 상온에서의 전기전도도가 높고, 전기를 잘 통하는 도체와 전기전도가 낮고 전기를 거의 통하지 않는 절연체와의 중간 정도에 있는 고체물질을 반도체라고 한다. 그 가운데 음의 전기를 갖는 전자가 움직임으로써 전류가 생기는 것을 n형 반도체라고 하며, 양의 전기를 갖는 정공(正孔)에 의해 전류가 발생하는 것을 p형 반도체라 한다. 정공이라는 것은 전자가 빠져나간 빈자리를 말하며, 양의 전기를 갖는 입자로 취급된다. n은 네거티브(negative), p는 포지티브(positive)의 머리글자를 나타내고 있다.

에 따른 저항변화를 측정한다. 이 때 일단 달라붙은 수분이 좀처럼 증발하지 않는 것이 문제가 된다. 높은 습도일 때 달라붙은 수분이 주위가 건조해져도 좀처럼 떨어져나가지 않아 정확한 측정값을 얻을 수 없는 것이다. 그래서 달라붙은 수분을 증발시키기 위해 히터 등을 붙여 청정처리를 하지 않으면 안 된다. 이에 비해 우리가 개발한 습도 센서는 p형 반도체와 n형 반도체의 접촉점 부근에 붙은 물기를 없애기 위한 전류를 측정함으로써 습도를 검지한다. 일부러 청정처리를 해서 수분을 날려보낼 필요가 없는 것이다.

측정하는 것 자체가 청정처리이므로, 자기수복과 동시에 측정도 하는 셈이다. 이것이 내가 인텔리전트 재료를 제창하게 된 최초의 예였다. 이 산화구리와 산화아연의 조합으로 습도 이외에 유기 용매나 일산화탄소 가스의 검지도 가능하다.

또 하나 우리 그룹에서 발견한 것으로, 탄소섬유와 유리섬유의 조합을 통한 자기진단 재료를 들 수 있다. 이에 대해서는 제6장에서 상세히 설명하겠지만, 이는 각각 반대의 성질을 갖는 재료를 조합시킨 것이다. 고탄성이고 전도성이 있는 재료와 고인성(高靭性)의 절연성이 있는 재료를 잘 조합시킨 예다. 이것은 시미즈(淸水)건설과 종합경비보장과의 공동연구로 개발되었다.

연구체제에서의 비선형 상호작용

서로 대립하는 재료를 조합하는 상호작용에서 인텔리전트가 생기는 예를 몇 가지 살펴보았다. 인텔리전트 재료를 만들기 위해서는 우선 대립되는 것을 조립해보는, 이른바 조류의 만남 효과를 가져올 수 있는 장소를 만들어야 한다. 재료로 말하자면 산과 염기,

p형 반도체와 n형 반도체, 다소 전문적인 것이지만 호스트(host) 재료와 게스트(guest) 재료, 산화와 환원 등의 조합을 생각할 수 있다.

서로 다른 것끼리의 비선형 상호작용은 연구체제에서도 흥미로운 효과를 나타낸다. 조직에서는 국제성(國際性)이나 학제성(學際性)이 된다. 일본인끼리 논의하고 있을 때는 도저히 나올 것 같지 않은 아이디어가, 서로 다른 가치관이나 문화를 가진 여러 나라 사람과의 논의에서는 쉽게 얻어지는 경우가 있다. 또 일본에 관한 것만이 아니라 세계 전체를 생각하는 계기가 되기도 한다.

서로 다른 학문 분야 사이의 상호계발을 활용할 경우에도 재미있는 발견이 생긴다. 앞에서 말했듯이 나는 건설회사와도 공동연구를 진행해왔다. 토목건축 분야는 나처럼 전자 세라믹이라는 미시 세계를 연구해온 사람의 시각에서 보면 전혀 다르다. 이 공동연구를 통해 대단히 자극적이고 멋진 성과가 얻어지고 있다. 이것은 「업제성(業際性)」이라고 할 수 있다. 다른 업종의 사람들이 모여 논의하면 뜻하지 않은 질문이나 의견이 튀어나온다. 서로 상대방의 분야에 대해서는 무지하므로 오히려 부끄럼 없이 어떤 질문이라도 할 수 있다. 그 가운데는 전혀 다른 관점에서 제기되는 예리한 질문도 있게 되므로, 연구를 진행시키는 데 큰 도움이 된다.

학제성에 대한 정의는 사람에 따라 각기 다르다. 예컨대, 화학 가운데서 각각의 분야 사이라고 파악하는 사람도 있다. 그러나 최근에는 학제적이라는 범위가 점점 넓혀지고 있다. 바람직스러운 학제 연구는 자연과학과 사회과학 또는 인문과학까지 포용하는 연구가 아닐까 한다. 그렇지 않고서는 사회의 요구에 부응할 수 없다. 개발이 곧 선(善)이라고 외치는 그룹이 단독으로 노력해 비록 무언가 흥미로운 연구가 이루어진다 하더라도, 그 결과가 진정으로 사회에 필요한 것인지 판단할 수 없을 때가 있다. 따라서 되도록 넓은 학제성을 가진 연구와 개발이 바람직하다.

조직 가운데는 성격이 다른 사람의 존재가 중요하

다. 이를테면 계획성과 우연성, 즉 계획성을 갖추고 있는 사람과 별로 계획적이지 못한 사람이 함께 있는 것이 좋다. 계획성이 있는 사람은 계획을 분명히 세워 계획대로의 답이 나올 것을 기대하며 연구개발을 진행시키지만, 정해진 답 이외에는 인정하지 않는 측면이 있다. 예상대로의 결과가 얻어지지 않으면 포기해버리는 경우도 있다. 그러나 우연성을 인정하지 않은 채 100% 계획대로 진행한다면 흥미로운 것을 전혀 얻을 수 없다. 완전히 계획대로 진행된다면 실험을 할 의미조차 없는 것이다.

여행의 경우를 생각해보자. 면밀한 계획에 충실하게 따르는 것만이라면 사전에 안내책자에서 본 경치를 확인하는 여행이 될 뿐이다. 현지에서 조금 재미있어 보이는 곳을 발견하더라도 예정에 없다는 이유로 지나쳐버린다면 뜻하지 않았던 재미는 맛볼 수 없을 것이다. 그렇다면 완전히 무계획적으로 여행에 나서는 것은 어떨까? 떠오르는 생각과 우연에 의존하는 여행은 마음 편하고 즐겁고 자극적이다. 그러나 단순한 여행이라면 몰라도 목적이 있는 경우에는 시간적으로나 경제적으로나 낭비가 클 것이다.

연구의 경우에도 계획성이 별로 없고 우연에 의존

하는 사람은 우선 무엇부터 시작해야 할지 모른다. 아무런 방침도 없이 무엇인가 재미있는 일은 없을까 라는 생각에서 되는 대로 연구하는 것은 현명한 방법 이 아니다. 첫 발을 떼기 위해서는 어느 정도의 계획 이 필요하지만, 그 계획에 지나치게 얽매이지 않는 마음가짐도 중요하다. 계획적인 사람이 세운 계획에 따라 연구를 진행시키되, 우연성을 인정할 줄 아는 자세가 바람직스럽다.

계획성과 우연성은 양립할 수 없는 것이라고 생각 하기 쉽다. 상반되는 둘 사이에서 균형을 잡을 수밖 에 없다고 생각할지도 모른다. 그러나 그 균형이 50 대 50일 경우에는 아무런 결과도 나오지 않는다. 새 롭고 뛰어난 것을 만들어내기 위해서는 100 대 100이 아니고서는 안 되며, 서로를 100% 활용해야만 하는 것이다.

뿐만 아니라 개발자와 이용자, 만드는 사람과 사용 하는 사람 사이에는 두 가지 입장이 있다. 개발자측 이 이용자의 생각이나 느낌을 파악하지 못한다면 테 크노모노폴리가 되어 정말로 필요한 것을 만들어낼 수 없다. 또한 계획성과 우연성 못지않게 치밀하게 생 각하는 사람과 대담하게 새로운 것에 도전하는 사람도 모두 필요하다. 성실한 사람도 필요하지만 성실한 사람만으로는 의외성이 생겨나기 어렵다. 풍류를 아는 사람도 필요하다. 솔직한 사람도 있어야 하고, 파격적인 사람도 필요하다. 이상적인 연구개발 체제는 사고와 성격이 다른 인간으로 구성된 집단이며, 그 안에서의 상호계발에 의해 새롭고 뛰어난 발상이 나오게 되는 것이다. 이질적인 것을 배제해서는 안 된다.

바람직한 주제 선정

모순되는 것과 대립하는 것의 양립은 연구의 주제를 선정할 경우에도 문제가 된다. 연구자의 흥미만으로 연구개발을 진행하면 독선에 빠질 우려가 있다. 취미로 연구해서는 사회에 도움이 안 된다. 한편 사회의 요청만을 생각해서『니즈(needs)에 응하라』라는 강요를 받게 되면 연구자로서의 흥미를 잃게 된다. 사회에 대한 책임 때문에 하잘것 없는 과제라도 연구해야 한다고 생각해버릴 것이기 때문이다. 사회에 대한 공헌이 연구자와 기술자의 사명이라고는 하지만 그럴 경우에는 연구의욕이 감퇴되고 만다. 게다가 『팔릴 수 있는 제품을 찾아 만들어라』라는 주문은 언뜻 보기에는 사회의 요청에 응하고 있는 듯이 생각되지만 반드시 사회에 도움이 된다고는 말할 수 없다. 오히려 기술을 비열하게 만드는 것일지도 모른다. 서로 모순되는 연구자의 흥미와 진정한 사회의 요청을 양립시킬 수 있는 연구가 진정으로 바람직한 주제라고 할 수 있다.

두 가지 모두를 만족시키는 주제 가운데 하나로서 일산화탄소 센서의 개발을 들 수 있다.

일산화탄소 중독사고는 공사 현장뿐만 아니라 일반 가정에서도 자주 일어나기 때문에 사회적 관심은 매우 크다. 난방기구가 개량되고 있음에도 불구하고 사고는 그치지 않는다. 간단하고 정확한 일산화탄소 가스 센서의 개발은 사회적으로 중요한 과제임에도 불구하고 작동 메커니즘은 아직도 완전하게 해명되지 않았다. 일산화탄소를 검출하는 기구(메커니즘)에 대한 연구는 과학으로서도 매우 흥미 있는 주제인 것이다. 다른 하나는 대형구조물에서의 자기진단 재료 개발이라는 주제를 들 수 있다. 이 연구도 사회의 요청에 부응할 수 있으며, 또한 자기진단 개념의 제안은 연구자로서도 대단히 인센티브가 높은 것이다. 나는 최근에 이 두 가지 주제를 중심으로 연구를 진행하고

있는데, 사회적 사명과 연구자로서의 흥미를 충족시
킬 수 있어 만족하고 있다.

소형화와 대형화의 공통점

이들 주제는 센서라는 작은 재료와 대형구조물이라
는 큰 재료를 대상으로 실시되고 있다. 현대 기술은
바야흐로 소형화와 대형화의 양 방향으로 나아가고
있다.

전형적인 소형화의 예로 첨단기술의 하나인 마이크
로머신(micromachine)을 들 수 있다. 처음에는 마이
크로머신이란 인텔리전트 재료 정도는 아니지만 어느
정도 기계 스스로 판단하고 움직이는 것, 감지하고
분석하고 작동하는 것이어야 한다고 생각했었다. 그
래서 아주 작은 기계 속에 그만큼의 메커니즘을 집어
넣는 방법을 모색해왔다. 그러나 기껏 몇 cm 정도의
기계 속에 그 많은 메커니즘을 전부 넣을 수가 있겠
는가.

그러한 차원에서 최근 거론되고 있는 것이「곤충의
논리」또는「곤충 모델」이다. 곤충에는 조건반사보다
는 수준이 높지만 의식 수준까지는 이르지 못한 활동

마이크로머신

　종래의 것보다 훨씬 작은 기계장치나 기계 시스템을 일컫
는다. 1mm 이하의 미세부품으로 구성되며, 큰 경우에도 손가
락 끝마디 정도로 되어 있다. 인간이 작업할 수 없는 좁은
공간에서의 작업수행이 가능하므로, 산업용과 의료용으로 기
대를 모으고 있다.

이 있다는 사실에 바탕을 두고 있다. 즉 뇌가 판단하
거나 명령하지 않는 행동 수준을 이용하려는 생각이
다. 감지, 분석, 동작이 각각 감각, 뇌, 근육에 대응
하는 것이라고 생각해보자. 뇌, 즉 분석기구(proce-
ssing mechanism)가 없더라도 상황을 판단해서 적절
한 동작을 할 수 있는 대단히 간단한 방법이 있지 않
을까? 곤충은 그러한 논리로 움직이고 있는 것으로
보인다. 아마도 그러한 방법이 있을 것이다. 오늘날
에는 그와 같이 단순한 방법을 찾는 방향으로 연구가
진행되고 있다. 이것이 간명화의 한 방향인 것이다.

　또한 소형화하기 위해서는 이를테면 감지(sensing)
와 분석(processing)과 동작(actuating)을 동일한 것을
가지고 만들 수 있는 융합화가 필요하다고 생각하게
되었다. 세 가지가 각각 따로따로 존재한다면 소형화

하려 할 때 한계가 있다. 곤충처럼 분석이 필요 없다면 센서와 액추에이터를 일체화시켜 소형화를 실현하자는 것이다. 또 마이크로머신 본체에 센서라든가 액추에이터를 부가하는 것이 아니라, 본체를 구성하는 재료 자체가 센서라면 더욱 소형화할 수 있다. 이와 같은 재료를 융합재료라고 한다. 센서와 같은 기능 재료와 장치 주체를 구성하는 구조재료가 융합해서 하나가 되는 것이다. 소형화는 이처럼 간명화와 융합화를 이용해 달성된다.

그렇다면 대형화 쪽은 어떻게 될 것인가? 상세한 이야기는 다음 장에서 설명하겠지만 대형구조물에서는 구조재료 자체가 센서여야만 신뢰성을 확보할 수 있다고 생각한다. 구조재료와 센서의 융합화가 바로 융합재료다. 재료가 센서를 겸하게 되면 구조는 간단해진다. 이것이 간명화이며, 대형화도 간명화와 융합화에 의해 달성될 수 있을 것이다. 대형화와 소형화라는 전혀 반대되는 기술에 간명화와 융합화라는 공통점이 있는 것이다. 기술은 이제 융합화, 소형화, 대형화, 간명화의 네 가지 방향을 지향하고 있으며 이들의 방향은 서로 더욱 깊이 관련되어 있다. 그 관계를 정리한 것이 〈그림 4〉다.

〈그림 4〉 기술이 지향하는 네 가지 방향

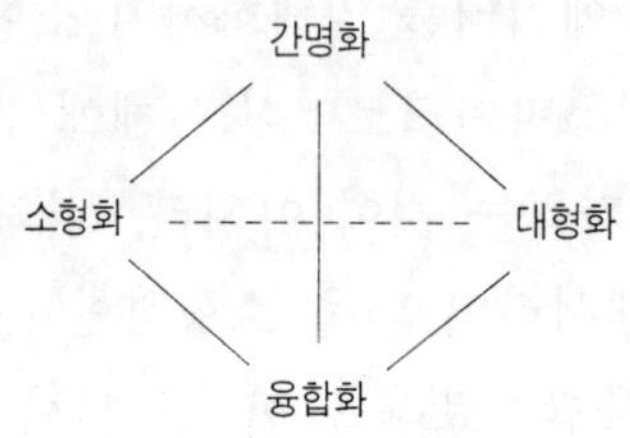

장의 설계

앞에서 설명한 바와 같이 반대의 성질을 띠는 소재 사이의 관계는 여러 가지로 흥미롭다. 이제 인텔리전트 재료의 설계로 화제를 돌려보자. 다른 물질 사이에서의 비선형 상호작용이 새로운 기능의 발현에 효과적이라는 점은 이미 설명했다. 그와 같은 상호작용은 어떠한 장소에서 일어나고 있는가? 비선형 상호작용을 일으키기 위해서는 어떠한 환경을 마련해야 하는가? 다음에 필요한 것은 상호작용이 일어나는 장을 설계하는 일이다. 세라믹에서 상호작용이 일어나는 장으로서 나는 2차원 설계라는 개념을 제안하고 있다.

2차원이라는 것은 면(面)이다. 세라믹의 경우 여러

가지 흥미로운 현상이 계면(界面)과 표면(表面) 등 2차원 구조에서 일어난다는 사실이 밝혀지고 있다. 계면이라는 것은 액체와 기체, 고체와 기체, 고체와 액체, 고체와 고체 등 두 가지 상태의 경계면을 말한다. 2차원 구조를 적극적으로 설계·형성함으로써 좀 더 새로운 현상과 기능을 얻을 수 있다는 것이 나의 제안이다.

나는 계면에 주목해서 2차원 구조를 분류해보았다. 우선 계면은 같은 물질 사이의 계면인가, 다른 물질 사이의 계면인가로 나누어진다. 그 다음 계면에서 일어나는 현상이 계면에 수직으로 일어나고 있는가, 또는 평행으로 일어나고 있는가에 따른 분류방법이 있다. 나아가서 기체 상태 또는 액체 상태 등의 제3상태에 대해 닫혀져 있는가 열려져 있는가, 즉 외부에 대해 닫혀져 있는가 열려져 있는가로 구별한다. 이것은 계면의 접촉상태가 틈새 없이 완전히 닿아 있는가, 아니면 군데군데 외계로 이어지는 틈새가 있는가 하는 구별이다. 이것을 조합하면 〈그림 5〉와 같이 여덟 가지 상태로 나누어진다.

많은 연구자들은 『계면은 재미있다』라고 말한다. 계면에서 여러 가지 흥미로운 현상이 많이 일어나고

<그림 5> 계면의 분류와 구조

계면	현상이 생기는 방향		계면의 접촉상태
	면에 수직	면에 평행	
동종물질 간	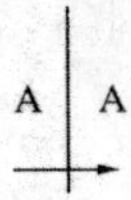 A A	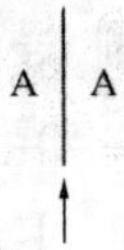 A A	닫힌 구조
동종물질 간	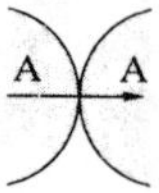 A A	위에서 보면 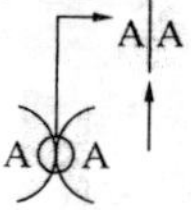 A A / A A	열린 구조
이종물질 간	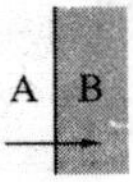 A B	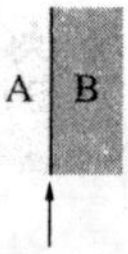 A B	닫힌 구조
이종물질 간	A B A B 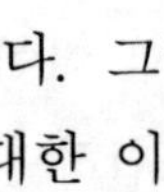	위에서 보면 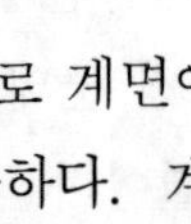 A B / A B	열린 구조

있기 때문이다. 그런데 실제로 계면에서 일어나고 있는 현상에 대한 이해가 부족하다. 계면에 대해 논의하고 있으면서도 『계면은 블랙박스다』라는 등 여간해서 이야기가 진전되지 않는다. 그래서 계면을 <그림 5>와 같이 분류한 다음 문제가 되고 있는 계면을 지

적하면서 이야기를 진행해보았다. 그러자 이야기가 대단히 순조롭게 진행되었다. 세라믹의 2차원 설계를 위해 계면을 분류했던 것인데, 이것은 흡사 콜럼버스(Christopher Columbus)의 달걀이었다. 아주 간단한 것인데도 지금까지 누구 하나 정리해서 제안한 사람이 없었던 것이다.

계면이라고 할 때 많은 사람들이 떠올리는 내용은 다른 물질 사이의 닫혀진 면에서 현상이 수직으로 일어나는 경우일 것이다. 대표적인 것이 pn 접합이다. pn접합에서는 p형 반도체와 n형 반도체라는 서로 다른 물질이 꽉 맞게 접합하고 있다. p형 반도체에서 n형 반도체로는 전기가 흐르기 쉽고, 반대 방향으로는 흐르기 어려운 이른바 정류성(整流性)을 나타낸다. 계면에 수직으로 일어나는 현상인 것이다. pn접합을 조합한 것이 트랜지스터이며, 트랜지스터를 집적하면 IC 또는 LSI가 된다. 이러한 종류의 계면이 재미있고 유용한 것은 확실하다. 지금까지 별로 주목받지 못했던 계면에서 일어나는 재미있는 현상을 분류·정리한 나의 노력으로 이 분야에 대한 연구가 더욱 활발해지길 바란다.

이 장에서는 인텔리전트 재료의 설계라는 주제 아

래 주로 작은 재료의 예를 소개해보았다. 그러나 인
텔리전트는 큰 재료, 대형구조물에도 필요하다. 소형
화나 대형화 모두 융합화, 간명화라는 공통점이 있다
고 설명했는데, 대형구조물에 인텔리전스를 갖게 하
는 데는 대형 재료 특유의 문제점이 존재한다. 다음
장에서는 대형 인텔리전트 재료에 대해 고찰해보고자
한다.

제 5 장

대형구조물에 반드시 필요한 인텔리전스

대형구조물의 신뢰성

인텔리전트 재료라고 하면 작은 곳에 지혜가 집결되어 있다는 인상을 주기 쉽다. 작고 지혜가 있으며 섬세하지만, 그다지 튼튼하지 않은 재료를 상상하는 사람도 많다. 한편 건물이나 교량 등을 구성하는 구조재료는 굳고 단단해서 지혜와는 인연이 없다고 생각하기 쉽다. 그러나 지금까지 부서지기 어렵고 부수기 쉬운 재료를 소개한다든지, 간간이 대형구조물에 대해 언급해왔으므로 현명한 독자라면 이미 느꼈을 것이다. 나는 큰 재료에야말로 인텔리전스가 필요하다고 생각하고 있다. 대형구조물은 문자 그대로 이 사회에서 중요한 위치를 차지하고 있다. 그것이 지능형 재료인지 아닌지에 따라 사회에 큰 영향을 끼치는 것이다.

산업구조에는 「중후장대(重厚長大)」형과 「경박단소(輕薄短小)」형이 있다고 한다. 「경박단소」형 산업은 상대적으로 이익률이 높고, 중후장대형에서 경박단소형으로 산업구조의 중심이 옮겨져왔다. 경박단소형의 대표적인 예는 일렉트로닉스(electronics)다. 점점 부품이 작아지고 집적화가 진행되고 있다. 제품은 가볍고 얇고 소형화하는 추세로 나가고 있다. 그와 함께 『첨단기술이란 경박단소를 가리킨다』라는 인식이 확대되면서 중후장대형 산업은 기술 발전에서 뒤떨어진 것으로 여겨지는 듯하다. 자본이나 인재 모두 지나치게 경박단소형 산업에 투입되고 있는 것은 아닌가 생각해본다. 경박단소형이 좋다고 해서 주택을 작게 할 수는 없다. 천장을 더 낮춘다면 불편만 가중될 따름이다. 혼슈와 시고쿠 사이에 놓인 교량의 길이를 짧게 할 수도 없다. 길이와 크기가 필요한 구조물은 없어지기는커녕 규모가 더욱 확대되고 있는 것이다.

1993년 10월 1일 도카이도 신칸센(新幹線)의 개업 30주년을 맞이해 노후화한 철교의 교체 문제가 그 날 신문에 실렸다. 앞으로 10년 정도 지나면 도카이도 신칸센 철교의 노후화가 급속히 진행된다는 인식에서 검사와 교량의 교체 문제가 부각되기 시작했다. 검사는 물론이고 교량을 교체하는 경우에도 신칸센 운행에 영향을 주지 않는 공법을 채용하겠다는 것이 JR측의 계획인 것 같다. 그러나 일부에서는 신칸센의 운행을 일정 기간 멈추고라도 철저한 검사와 공사를 해야 한다는 의견도 대두되고 있다.

현재 일본의 신칸센 철교나 고가 교량의 유지·보수 수준은 세계적으로 훌륭하다고 생각한다. 매일 밤 신칸센 운행이 끝난 후 유지·보수부서가 출동해서 한 차례 점검을 한 후 결함을 발견하면 다음날까지는 수리를 끝낸다고 한다. 이러한 작업은 30년 간 되풀이되어왔다. 그래서 대형사고가 일어나지 않는다. 그러나 앞으로를 생각하면 반드시 안심할 수만도 없다. 우선 그만큼 기술이 뛰어난 사람들을 계속 확보할 수 있겠는가 하는 문제가 있다. 지금은 1,000명 정도가 유지·보수에 투입되고 있다고 한다. 도쿄와 신오사카 사이를 1,000명의 인력이 야간 근무를 하며 열화된 곳이나 고장을 발견해서 수리하는 것이다. 이것을 언제까지 계속할 수 있겠는가? 숙련 기술자를 앞으로도 확보할 수 있을 것인가?

사실 잘 생각해보면 그것은 대단히 두려운 일이다. 고장을 발견한다는 것은, 고장이 어느 정도의 빈도로 일어나고 있는가 하는 문제와 결부된다. 자주 일어나기 때문에 발견하는 능력이 길러지는 것이다. 만약 대단히 튼튼한 구조여서 고장이 거의 일어나지 않는다면 발견하는 능력이 길러지지 않는다. 따라서 유지·보수 기술도 향상되지 않는 것이다. 「오늘은 아무 일도 없겠지」라고 점검을 등한시할 우려도 있다. 실제로는 매일 밤 무엇인가를 발견해서 고치고는 있지만, 매일 결함을 발견해서 고치는 위험이 상존하는 상황에서 신칸센이 고속으로 달리고 있는 것이다. 그러나 어느 정도 위험이 없으면, 유지·보수의 기술은 향상되지 않는다. 모순과 여유 없는 균형 위에 안전성이 확보되고 있는 것이 바로 현실 아니겠는가?

잘 부서지지 않는 튼튼한 구조를 만드는 것은 좋지만 좀처럼 일어나지 않는 손상을 검사하는 것은 대단히 어려운 일이다. 오래 전부터 대형구조물의 안전성은 중요한 문제였으나, 한신아와지 대지진 이후 한층 더 사람들의 관심이 높아지고 있다. 대형구조물의 신뢰성 확보 문제는 매우 중요한 과제인 것이다.

신뢰성 확보 방법

대형구조물의 신뢰성을 확보하는 수단으로서 가장 단순한 것은, 기둥은 굵게 벽은 두껍게 하는 방법이

다. 안전을 위해 필요 이상으로 굵고 강하게 하는 것
이다. 그러나 이런 식으로 고층 빌딩을 지으려면 상
부의 무게를 견디기 위해 아래의 기둥을 굵게 하고
벽을 두껍게 해야 하므로 아래 몇 층은 기둥과 벽만
으로 이루어진 구조가 되어버린다. 또한 한신아와지
대지진에서도 그랬듯이 상부가 무거운 구조는 파괴되
기 쉽다. 가벼운 재료를 사용하지 않으면 안 된다.
강도를 얻기 위해 무거워지는 재료로는 고층 건축물
을 만들 수 없는 것이다.

  게다가 이 방법은 환경에 대단히 나쁜 영향을 미친
다. 건축물을 만들 때 자원이나 에너지를 과다하게
소비하고, 못 쓰게 되었을 때는 그만큼의 폐기물을
발생시킨다. 산업폐기물의 처분은 지구 차원에서도
심각한 문제다.

  그래서 좀더 튼튼한 재료, 내구성 있는 재료, 가볍
고 강한 신소재 개발이 요청되고 있다. 결국 매우 튼
튼한 것을 만들게 되지만 부서지기 어렵다는 결점도
발생하게 마련이다. 제3장에서 설명했듯이 이러한 재
료는 처리하기도 어렵고 재활용하기도 곤란하다.

  재활용은 유한한 자원의 유효이용으로서 시민의 지
지를 얻고 있다. 도쿄 대학에서 환경안전연구센터 소

장으로 있을 당시 나도 재료를 설계할 때는 재활용까지 포함한 토털 디자인(total design)을 감안해야 한다고 주장했다. 재활용은 재자원화다. 그러나 최근 들어 조금 생각이 달라졌다. 재활용하지 않아도 된다면 하지 않는 편이 좋다는 것이다. 억지로 재활용하기보다는 다시 한번 더 쓰는 방법, 즉「재사용(re-use)」하는 편이 좋다고 생각하게 되었다. 맥주병을 몇 번이나 사용하는 것과 같은 것이다. 빈 캔을 눌러서 녹이고 그것을 원료로 해서 다시 다른 제품을 만드는 것은 재활용이다. 물론 재활용도 중요하지만 에너지를 투입해서 무엇이든지 재활용하려 한다면 오히려 환경에 부담을 주는 결과가 될 것이다. 되도록이면 재사용하는 방법을 고려하고 싶다.

재활용의 문제는 다음으로 미루기로 하고, 튼튼하고 내구성 있는 재료는 대개의 경우 부수기 어렵고 재활용이 불가능하다는 단점이 있다. 이상적인 예외로서 튼튼하면서도 재활용이 용이한 부분안정화 지르코니아에 대해서는 제3장에서 소개했다. 이것은 부서지기 어렵고 부수기 쉬운, 참으로 이상적인 재료다. 튼튼한 재료는 부수고 싶을 때 잘 부서지지 않는 것이 보통이지만, 절대로 부서져서는 안 될 때 부서지는 일도 있다.

　매우 튼튼하게 만들더라도 일정한 확률로 부서지는 것은 피할 수 없다. 이를테면 어떤 힘이 가해졌을 때 부서질 확률이 1만 분의 1인 재료가 개발되었다고 하자. 그것 자체로는 멋진 재료이지만 쓰는 편에서 보면 1만 분의 1이라는 확률은 위험하기 짝이 없다. 어떤 경우가 그 1만분의 1인지 알 수 없기 때문이다. 미리 두드려보고 튕겨보아 부서지는 것을 전부 제거하고 난 다음의 1만 분의 1이라는 것이므로 사용 전에 결함을 발견할 수는 없을 것이다. 기술의 진보로 부서질 확률을 100만 분의 1로 적게 하더라도 결국은 마찬가지다. 단순히 강도만을 보면 확실히 향상되고 있다. 부서질 확률이 1만 분의 1인 재료에 비하면 100만 분의 1인 재료의 평균 강도는 분명히 높다. 그러나 이는 폐기처분할 때 더욱더 부수기 어렵다는 것을 의미한다. 또한 갑자기 부서지기 때문에 언제 붕괴될지 알 수 없다. 부서질 확률이 100만 분의 1이라는 소리는 신뢰성이 높은 것처럼 들리지만 실용적인 측면에서 보면 별로 의미가 없다. 확률이 1,000만 분의 1이 된다 할지라도 언제 붕괴될지 모른다면 늘 불안에 떨면서 사용한다는 데에는 변함이 없다.

강도 향상의 한계

한신아와지 대지진 후 안전성을 높이기 위해 지하철, 고속도로 등 여러 곳에서 일제히 보강공사가 진행되었다. 바람직하지 않은 일은 아니지만 과연 어느 정도까지 보강해야 좋은가 하는 것은 아무도 알 수 없다.

필요하다고 여겨지는 곳만 보강하면 된다는 의견도 있지만, 부분적으로 보강하면 다음 충격이 가해질 때 보강한 곳과 보강하지 않은 곳의 경계에서 부서지는 경우가 많다. 그렇다면 전부를 보강해야 하는 것인가? 어디까지 보강해야 좋은 것인가? 앞으로 어느 정도의 대지진이 일어날는지 예상할 수 없으므로 가능한 한 튼튼하게 해두어야 한다는 것인가? 그러나 아무리 보강하더라도 파괴되지 않는다는 보장은 없다. 단지 그 확률이 감소될 따름이다.

또 어디까지 보강한다는 사실마저 일반 시민은 모르고 있다. 『보강하면 안전합니다』라고만 설명된다. 잊어버려서는 안 될 것은, 파괴는 튼튼한 곳이 아니라 약한 곳에서 일어난다는 점이다. 계속 보강하더라도 약한 곳은 남게 마련이므로 불안은 해소되지 않는다.

고베 지진은 1000년에 한 번 일어날 정도의 대지진이었다고 한다. 건축기준이 재검토되고 앞으로 건설되는 구조물은 더욱 튼튼해질 것이다. 그러나 그런 구조물을 1000년 간 사용할 수는 없다. 지금 일본 내의 건물은 전부 1000년에 한 번의 지진, 진도 7의 대지진에도 견딜 수 있도록 하겠다는 것으로 보이는데 과연 그렇게 할 필요가 있을까? 일본 내의 구조물을 모두 그 정도로 보강하는 데에는 비용도 막대하게 들 것이다.

뿐만 아니라 아무리 튼튼하게 했다 하더라도 100만 번에 한 번 1,000만 번에 한 번 부서질 확률은 사라지지 않는다. 이럴 경우 어디에 얼마만큼의 비용을 들여야 하는가를 결정하는 것이 리스크 매니지먼트(risk management)다. 어떤 구조물이 절대로 부서지지 않는다고는 아무도 장담할 수 없다. 따라서 99만 9,999번 부서지지 않는다 하더라도 나머지 한 번을 위해 들이는 비용이 문제가 된다.

기술은 이러한 사실을 시민에게 분명히 설명하지 않으면 안 된다. 안정성을 위해 무제한으로 자금과 자원, 에너지를 투입할 수는 없기 때문이다. 시민도 여기까지는 허용할 테니 좀더 싸게 만들라는 식으로 제언을 해야 한다. 그러기 위해서는 무엇보다도 기술측의 정보 공개가 반드시 필요하다. 그리고 시민들 역시 『1000년에 한 번뿐인 지진에 견디지 못해도 좋으니 무리가 안 되는 정도의 예산으로 진행하라』라고 말한 각자의 선택에 책임을 져야 한다는 것을 자각해야 한다.

손상 검지에 따른 신뢰성 확보

재료를 필요 이상으로 튼튼하게 하는 것만으로는 문제해결이 되지 않는다면, 신뢰성 확보를 위해 다음으로 생각할 수 있는 것은 손상을 찾아내는 일이다. 갑자기 무너지면 곤란하므로 그에 앞서 어떤 방법으로라도 예비징후를 검출할 수 있어야 한다. 징조를 검지할 수 있다면 무너지기 전에 손을 볼 수 있다. 내부에 생긴 균열이나 결함을 발견할 수 있다면 피해가 커지기 전에 손질을 할 수 있다. 더 이상 힘을 가하는 것을 중지하고 점검하며, 필요하다면 수리 또는 교환을 하면 좋을 것이다. 그렇게 함으로써 무작정 튼튼하게 하지 않더라도 구조물을 계속해서 안전하게 사용할 수 있다. 「진단을 통한 신뢰성 확보」인 것이다. 가능하다면 재료의 「자기진단」을 통해 점검, 수리, 교환하는 방법이 바람직하다. 따라서 진단방법, 즉 손상을 검지하는 방법이 문제가 된다. 여기에서도 스파게티 증후군을 조장하는가, 아니면 회피하는가가 중요하다. 스파게티 증후군에 걸려 있으면 손상을 검지하기 위해 안이하게 센서를 붙이는 방식을 먼저 생각해버린다. 복잡하게 함으로써 문제를 해결하려는 사고방법은 스파게티 증후군의 두번째 징후인 것이다.

이를테면 응력검출 센서(Strain Sensor)의 설치를 생각할 수 있다. 뒤틀림을 감지하는 응력 센서는 가장 경박단소한 것으로 아주 작은 뒤틀림까지도 검출할 수 있게 되어 있다. 뒤틀림이 일어날 만한 곳에 센서를 붙여 뒤틀림을 감시하고, 그 뒤틀림이 커지게 되면 위험하다고 판단하는 것이다. 그렇지만 뒤틀림이 커지는 곳과 센서가 붙어 있는 곳이 항상 일치한다고는 단언할 수 없다. 결국 신뢰성을 높이기 위해서는 교량의 이쪽 끝에서 저쪽 끝까지 센서를 연이어 붙여 놓아야만 한다. 이렇게 된다면 센서의 값이 본체보다도 높아지게 된다. 이것은 본질보다 부수적인 비용이 높아지는 스파게티 증후군의 네번째 징후다. 더욱이 센서의 수가 많을수록 안전성도 높아진다고 생각하거나 선전하는 것은 스파게티 증후군의 세번째 징후인 것이다. 중후장대한 대형구조물을 경박단소한 기술로 보완하기는 어렵다. 더욱이 센서와 본체의 재료가 다르기 때문에 센서 매설 부분이 약해져서 파괴의 기점이 될 염려가 있다. 예를 들었던「몬주」의 사고처럼 센서를 붙였기 때문에 파괴되는 일도 일어날 수 있다. 본체의 열화를 초래하는 스파게티 증후군의 다섯번째 징후인 것이다. 대형구조물의 신뢰성을 확보하기 위해 손상을 검출해서 미리 파괴를 예측하는 것 자체는 현명한 방법이지만 잘못 쓰면 오히려 역효과를 낼 수도 있다.

센서와 보강의 양립

현재 외부에서 재료의 상태를 판단하는 기술은 그다지 진보되어 있지 않다. 충격을 받았을 때 재료가 뒤틀리는 것을 검출하는 응력 센서 외에, 초음파 등을 써서 재료 내부의 균열을 조사하는 방법도 있지만, 대형구조물의 경우에는 그리 간단하지 않다. 구조물 전체에 초음파를 검출하는 센서를 붙인다면 대형일수록 비용이 엄청나게 커지고 센서의 관리 또한 용이한 일이 아니다.

비용 면에서 모든 곳에 센서를 붙일 수 없다면 센서를 줄이지 않을 수 없고, 설치장소를 골라서 센서를 붙이게 된다. 많은 기술자가 약할 듯한 곳에 센서를 붙이면 좋다고 생각한다. 제3장에서도 언급했듯이 요즘 구조물의 약한 부위에 센서를 설치하는 손상감지 시스템이 채용되고 있다고 한다. 슈퍼컴퓨터 등을 이용해 약한 곳을 계산하고, 그 곳에 센서를 부착하는 것이다. 슈퍼컴퓨터를 사용한다고 하면 대단히 첨단기술인 것처럼 생각한다. 그러나 이것은 본질을 망각한 사고방식이다. 근본적으로 모순이 있는 것이다. 약한 듯한 곳을 알게 되면 센서를 붙이기 전에 그 곳을 보강해야 하고, 어느 곳이 어떤 식으로 부서질는지 계산할 수 있다면 부서지지 않도록 해야만 할 것이다.

그럴 경우 『약한 곳을 보강해버리면 센서를 붙일 곳을 알 수 없으므로 전체에 센서를 붙이지 않으면 안 되게 되는데, 그렇게 되면 비용이 너무 든다』는 등 악순환이 계속되는 것 같다. 센서를 약한 곳에 붙이고 싶은데, 약한 곳을 알면 보강해야 하므로 센서와 보강은 양립할 수 없는 것인가? 나는 그렇게는 생각하지 않는다. 이러한 모순이 생기는 것은 사고방식이 근본적으로 잘못되어 있기 때문이다.

그럼에도 불구하고 센서를 작동시키기 위해 센서부착 부위를 일부러 약하게 만드는 경우까지 벌어지고 있다고 한다. 무서운 발상이다. 부서질 것 같다는 부분을 센서가 검지하도록 일부러 약하게 해두었기 때문에 부서지고 마는 것이다. 본래 센서는 구조물의 신뢰성을 높이기 위해 부착하는 것인데, 거꾸로 센서를 작동시키기 위해 구조를 약하게 하는 어처구니없는 발상이 엿보인다. 구조물의 유지·보수를 위해 센서를 붙이는 것이지, 센서를 작동시키기 위해 구조물을 만드는 것은 아니다.

잘못된 예를 하나 들겠다. 1992년 2월 16일 〈뉴욕타임스(New York Times)〉지에 스마트 머티리얼(smart material)이라는 대형구조물의 인텔리전트 재료가 소개되었다. 「감각을 가진 교량」이라는 것이다. 지금 미국에서는 교량의 유지·보수가 대단히 중요한 과제로 부각되고 있다. 고속도로의 교량이나 철교가 붕괴해 열차가 추락하는 등 사고가 종종 발생해 교량

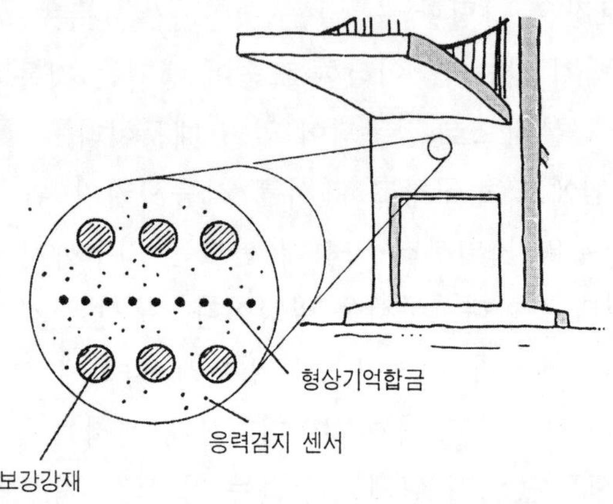

의 노후화가 심각한 문제로 대두되고 있는 것이다.

　이 「감각을 가진 교량」의 구조는 〈그림 6〉과 같다고 한다. 작은 점이 센서인데, 이것이 뒤틀림을 감지하면 매몰된 형상기억합금이 그 뒤틀림을 보수하는 자기수복형 재료로 이루어져 있다. 확실히 인텔리전트 재료로 보이며, 보기에도 대단히 뛰어난 아이디어라고 생각한다. 그러나 연구자에게는 좋은 아이디어인지 모르지만 사회와의 관계로 보면 어떨까? 실제로는 아무도 이 교량을 채용하지 않을 것이다. 예컨대, 형상기억합금을 세토 대교에 쭈욱 매몰시킨다면 과연 비용이 얼마나 들까? 그렇게 막대한 비용 부담

을 시민이 허용할 것인가? 학문으로서의 아이디어는
재미있을지 모르지만 사회에서는 수용될 수 없다. 공
상과학 소설에 불과하다고 해도 과언이 아니다.

　게다가 본체와 재질이 다른 센서류를 매몰시켰기
때문에 서로 다른 재질 사이에 균열이 생겨 파괴의
기점이 되는 문제도 생각할 수 있다. 역시 현명한 방
법이라고는 할 수 없다.

형상기억합금의 현명한 사용방법

　그런데 형상기억합금 자체는 인텔리전트 재료다.
고온일 때 만들어진 형상을 저온에서 바꿀 수 있고,
온도를 높이면 다시 원래의 형상으로 되돌아간다. 온
도를 변화시킴으로써 기계적인 성질을 바꿀 수 있는
튜닝성 재료라고 할 수 있다. 인텔리전트이기는 하지
만 비싸기 때문에 대량으로 사용하는 용도에는 적합
지 않은 형상기억합금이 가장 많이 사용되고 있는 곳
은 휴대용 전화기의 안테나라고 한다. 휴대용 전화기
를 떨어뜨리는 사람이 의외로 많은데, 이 안테나는
떨어져서 변형되더라도 곧바로 제 모습으로 돌아온
다. 보통의 안테나는 떨어뜨리는 일이 별로 없기 때

문에 형상기억합금을 쓸 필요가 없지만, 휴대용 전화기의 안테나 재료로는 형상기억합금이 가장 적합하다는 것이다. 사용량이 적고 비싸게 팔리며(최근에는 휴대용 전화기 가격이 저렴해지고 있지만) 자주 떨어뜨리는 것이어서 그 때마다 고칠 필요가 있기 때문에 형상기억이라는 기능이 필요한 것이다. 마침내 형상기억합금에 알맞은 용도를 발견했다고 할 수 있지 않을까?

영국에 있을 때 케임브리지 대학 교수에게 들은 것인데, 케임브리지 대학의 재료 연구자에 대한 시민의 평판은 높다고 한다. 기초과학을 착실히 연구하는 한편 대외적인 홍보에도 능숙하기 때문이다. 그들도 형상기억합금을 연구하고 있는데, 응용을 생각할 때 비현실적인 비용이 소요되는 곳에는 사용하지 않는다. 사회와의 관계를 생각해서 꼭 필요한 곳에만 사용한다. 휴대용 전화기의 안테나는 누구에게나 이해되고 납득 받을 수 있는 것이다.

사회와의 접점이라는 의미에서 볼 때 생체에 사용되는 바이오 머티리얼(bio materials)로서의 둔부 관절(hip joint)을 예로 들 수 있다. 최근 엘리자베스(Elizabeth Ⅱ)여왕의 어머니가 95세의 나이에 이 둔부 관절 수술에 멋지게 성공했다. 이로써 영국 국민에게 케임브리지 대학에서 어떤 연구를 하고 있는가가 알려지고, 그 연구가 도움이 되었다는 점을 인정받게 된 것이다. 케임브리지 대학은 국민의 지지하에 재료 연구를 진행시킬 수 있고, 연구자나 사회 모두 일체감을 갖고 연구를 수행할 수 있게 되었다.

둔부 관절 다음으로 요구되는 것은 무릎 관절(knee joint)이라고 한다. 이것은 재료 면에서나 역학적으로도 대단히 어려워 아직 걸음마 단계에 있다. 이 재료의 개발은 사회적 공헌이자 동시에 재료학자로서 도전할 만한 일로서, 연구자의 지적 탐구심과 사회에 대한 책임과 공헌을 양립시킬 수 있는 주제다.

케임브리지 대학에서는 그러한 연구를 국민의 지지를 받으면서 실시하고 있는 것이다.

그것에 비하면 형상기억합금으로 다리〔橋〕를 만든다는 아이디어는 지지받지 못할 것이다. 거기에는 연구자의 흥미만이 존재하며, 현실감이 결여되어 있다. 또한 안전한 교량은 누구나 바라는, 사회적 요청이 대단히 큰 과제지만 방법론이 잘못되어 있다.

대형구조물의 신뢰성 확보는 종래의 「좀더 두껍게」, 「좀더 튼튼하게」라는 방법으로는 한계가 있다.

그래서 생각한 것이 붕괴되기 전에 손상을 검지하는 방법이며, 나아가 재료 자체가 손상을 검출하는 자기진단 재료와 손상을 회복하는 자기수복 재료를 모색하면서 대형구조물의 인텔리전트 재료화를 도모하게 되었다. 그러나 많은 개발자가 스파게티 증후군에 걸려 있기 때문에 복잡한 구조로 인해 오히려 구조물의 강도를 저하시키는 방향으로 나아가는 결과도 빚어왔다. 단순한 방법으로 신뢰성을 확보하는 길을 모색하지 않으면 안 된다. 그것이 참된 인텔리전트 재료이며 현명한 방법이다. 다음 장에서는 단순한 구조로서 손상을 검출하는 우리의 시도를 소개하겠다.

제 6 장

자기진단 구조재료의 개발

인텔리전트화의 시도

　지금까지 설명해왔듯이 대형구조물의 신뢰성 확보가 초미의 관심사로서 사회 각 계층으로부터 강력하게 요구되고 있다. 파괴에 앞서서 손상을 감지해 알 수 있다면 갑작스런 파괴를 방지할 수 있을뿐더러 보강할 수도 있다. 그렇게 하면 과도하게 재료를 강화하지 않고도 신뢰성을 확보할 수 있는데, 문제는 손상을 검지하는 방법이다. 손상을 검지하기 위해 센서를 추가하면 복잡해지므로 구조재료 자체의 강도와 신뢰성을 열화시킬 수밖에 없게 된다. 손상의 검지는 되도록 단순한 방법으로 실시하는 것이 바람직하다. 그렇다면 어떻게 할 것인가?

　내가 생각하는 해결책은 재료 자체가 「튼튼하고」, 동시에 재료가 「센서」가 되는 개념이다. 즉 대형구조물을 구성하는 재료 자체에 검지기능과 자기진단기능을 갖추는 것이다. 대형구조물이야말로 인텔리전스가 필요하며, 여러 가지 인텔리전스 중에서도 센서와 구조재료가 양립하기 위한 자기진단 메커니즘을 대형구조물에 설치하는 것이 무엇보다도 중요하다.

처음에는 대형구조물의 인텔리전스화를 위해 갑자기 파괴되지 않도록 하는 것을 생각했다. 대부분의 재료는 갑자기 파괴되지만, 이와는 달리 파괴되기 시작할 무렵에 위험하다는 신호를 명료하게 보낼 수 있는 재료라야 지능형 재료라고 할 수 있다. 그러나 자기진단기능으로 손상을 검지할 수 있었다 하더라도, 그 때가 치명적인 파괴가 일어나는 시점이라면 이미 늦다. 그러한 진단은 「사망진단」일 뿐이다. 결국 누구의 눈에도 파괴되었다는 것이 분명하기 때문이다.

따라서 손상을 검지한 후 얼마 동안은 구조를 유지시키는 메커니즘을 갖게 할 필요가 있다. 이를 위해서는 파괴가 2단계로 일어나도록 하면 된다. 즉 제1단계의 파괴를 검지한 다음에도 제2단계 파괴가 일어날 때까지 잠시 시간을 벌 수 있도록 재료를 설계하는 것이다. 제1단계에서의 파괴는 말하자면 병에 걸려 있는 상태이고, 제2단계의 파괴가 일어나기 전이라면 약화는 되어 있지만 아직 사망에 이르지 않은 상태인 셈이다.

급격히 부서지지 않고 단계적으로 부서지는 재료를

설계하려면 어떻게 해야 하는가? 이미 앞에서도 인텔리전트 메커니즘을 만드려면 대립하는 성질을 갖는 물질끼리의 조합이 유효하다는 점을 설명했다. 즉 서로 다른 두 가지 재료의 특성을 발휘시키는 것인데, 여기에서도 그 방침을 취했다.

재료 A로서 고탄성의 한계신장(한계 늘어남)이 적은 것을 선택한다(그림 7 참조). 즉 힘을 가하더라도 별로 변형되지 않으나, 어느 정도 늘어나면 파괴되는 딱딱한 재료다. 여기에 재료 B로서는 인성(靭性 : 질긴 성질)이 있고 한계신장이 큰 것을 조합시킨다. 즉 힘을 가하면 변형되지만, 웬만큼 변형되어서는 끊어지지 않는 성질을 갖고 있는 재료를 조합시킨다. 이 두 가지 재료를 잘 조합함으로써 돌연붕괴를 방지할 수 있다.

재료 A만으로 이루어진 구조라면 힘을 가해도 변형되지 않고 버티지만 어느 점에 이르면 예고 없이 파괴되어버린다. 이러한 성질을 취성(脆性)이라고 한다. 한편 인성이 있는 재료 B는 상당히 변화된 후 파괴되므로 갑자기 파괴되는 경우는 없다. 그러나 작은 힘을 가하더라도 변형되는 부드러운 재료이므로 이것만 가지고 구조물을 만들기는 어려운 일이다. 이 두 가지를 잘 조합시키면, 애초에는 재료 A의 성질이 살아 있어 딱딱하고 변형되지 않는다. 또한 계속 힘이 가해져 재료 A가 갑자기 파괴되더라도 재료 B는 변형만 될 뿐 그 시점에서 파괴되지 않는다. 따라서 재료 A가 파괴된 후에도 얼마 동안 전체는 파괴되지 않고 남아 있게 된다. 이는 스모(일본 씨름)에서 말하는 「허리치기와 끈기를 갖는」 재료인 것이다. 이 재료가 돌연히 파괴되지 않는 이유는 파괴가 2단계로 일어나기 때문인데, 이것도 인텔리전트 메커니즘 가운데 하나라고 할 수 있다. 즉 제1단계의 파괴가 일어날 때까지는 고탄성 재료이지만 제2단계의 파괴가 일어나기 전까지는 고인성 재료가 되며, 상황에 따라 특성을 변화시키는 「자기조절성」을 갖는다. 사실 고탄성이고 한계신장이 작은 재료와 고인성의 한계신장이 큰 재료의 조합으로 돌연파괴를 방지한다는 것은 복

복합재료

두 종류 이상의 소재로 구성되고, 각각의 우수한 특징을 살리도록 만들어진 재료. 대표적인 복합재료는 가벼운 플라스틱을 섬유로 강화한 것을 들 수 있는데, 가볍고 고강도라는 두 가지 우수한 성질을 함께 갖는다.

합재료를 설계할 때의 상투수단이다.

자기진단기구의 설계

나는 자기진단기능을 갖추기 위해 한 발짝 앞까지 생각했다. 그리고 만약 이 A가 도체(導體)이고, B가 부도체라면 A와 B의 조합으로 자기진단이 가능하다는 것을 깨달았다. 자기진단 재료의 필요성을 주장한 이후 이러한 결론에 도달할 때까지는 무려 4년이라는 세월이 경과되었다. 그러나 막상 알고 보니 이는 매우 단순 명쾌한 메커니즘이었다. 오히려 왜 지금까지 아무도 이러한 것을 제안하지 않았는지 이상할 정도였다. 고탄성으로서 늘어남이 작은 재료를 전기가 통하는 도체로 하고, 그것이 파괴된 후에도 남아 있는 재료를 전기가 통하지 않는 절연체로 해두면 고탄성 재료가 파괴되지 않고 살아있는 한 전기가 통한다. 고탄성 재료만으로 이루어져 있다면, 그 재료가 파괴됐을 때 전기가 통하지 않게 되어 그 재료는 죽어버리고 만다. 이 경우 전기가 통하지 않는 것은 사망진단과 같다. 그러나 〈그림 7〉과 같이 고인성 재료를 조합해두면 전기가 통하지 않아도 고인성 재료가 버

〈그림 7〉 조합의 묘를 살린 지능형 재료

티고 있어 얼마 동안 살아 있다. 병에 걸렸으나 죽지 않은 것이다. 전기의 흐름을 조사함으로써 이러한 건강진단이 가능하리라고 생각했던 것이다.

이 원리는 전기를 통하는 재료, 통하지 않는 재료에 국한되지 않는다. 즉 먼저 파괴되는 재료 A에서는 움직이기 쉽지만 재료 B에서는 움직이기 힘든 것이 필요할 뿐이고, 이는 전기에 한정되는 것이 아니라 빛이라도 좋다. 광 파이버를 재료 A로 사용하고 그보다 더 잘 늘어나며 좀처럼 파괴되지 않는 것을 재료 B로 할 경우 튼튼할 때는 빛이 끝에서 끝까지 도달한다. 그러나 광 파이버가 파괴되면 빛이 도달하지 않게 되므로 진단을 할 수 있다. 이것도 측정이 간편하지만 값이 다소 비싸다. 이에 비해 전기쪽이 값도 쌀 뿐만 아니라, 간단하게 전기저항을 측정할 수 있다는 편리함이 있다.

이처럼 자기진단기구가 갖춰진 2단 파괴재료의 설계는 고탄성의 전도성 재료 A와 고인성의 절연성 재료 B를 복합화함으로써 달성된다. 재료 A의 파괴는 전류의 흐름으로 진단할 수 있다. 재료 A가 파괴되더라도 아직 재료 B가 있기 때문에 전체는 그대로 유지되고 있다. 그 동안 교환하거나 보강을 하면 된다.

그러나 인텔리전트 재료로 이를 제안하자, 수리 방법과 자기수복 메커니즘이 결여되어 있다는 반론이 제기되었다. 인텔리전트 재료의 정의에 지나치게 얽매여 재료가 스스로 어떠한 기능을 발휘해야 한다고 생각하는 연구자와 기술자가 많은 것이다. 생각건대, 고치는 기구는 우선 필요가 없다. 자기수복기능까지 부가시킨다면 도저히 실용화할 수 없다. 치명적인 파괴에 이르기 전의 약화된 상태를 간단히 진단할 수 있는 기능만으로도 충분히 현명한 것이 아닌가? 약화되어 있다는 사실이 발견될 경우 교체하면 되는 것이다. 현시점에서는 이렇게 하는 것이 훨씬 간단하고 낭비도 적다. 자기수복기능까지 갖춘 재료를 만들어 인텔리전트 재료로서 세상에 제안한다면 연구자의 프라이드는 만족시킬는지 모르지만, 사회를 위한 공익적 측면을 생각한다면 어떨까? 인텔리전트 재료는 꿈의 재료에 불과할 뿐, 그 실현까지 오랜 동안 기다리지 않으면 안 될 것이다. 그 동안 한쪽에서는 새로운 대형구조물이 불필요할 정도로 튼튼하게 만들어지고, 한쪽에서는 갑자기 파괴될 것이다. 자기진단을 할 수 있는 기능만으로도 유지·보수는 지금보다 훨씬 쉬워진다. 실현가능한 일부터 시작해야 할 것이다.

재료 선정

이 아이디어를 실증하기 위한 구체적인 방법을 검토해보자. 고탄성 전도체인 재료 A와 절연체로 인성이 있는 재료 B로 할 때 실제 어떤 물질을 조합하면 좋을 것인가? 나도 공학을 전공한 사람이기 때문에 지나치게 이상적인 것을 생각하기보다는 구입하기 쉬

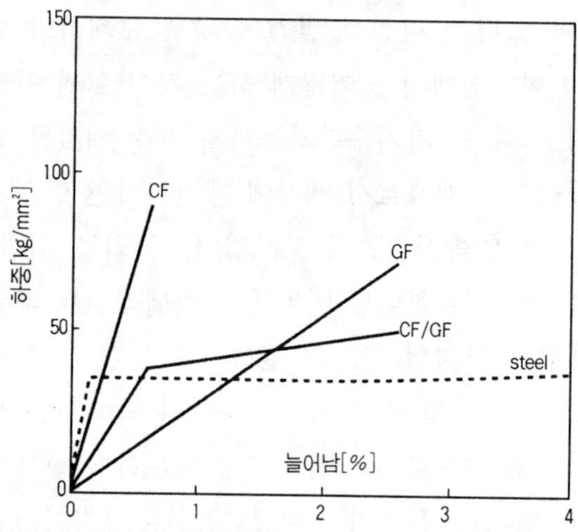

운 현실적인 재료로 시도해보려고 생각했다. 손쉬운 재료로서 고탄성이고 한계신장이 작은 재료 가운데 대표적인 것은 탄소섬유(카본 파이버)다. 이 재료는 전도체다. 이에 비해 유리섬유(글라스 파이버)는 탄소섬유보다 인성이 크고, 늘어난 후에 끊어진다. 그리고 전기를 통하지 않는다. 유리를 인성 재료라고 하면 전문가에게 꾸지람을 들을 것 같으나, 여기에서는 탄소섬유에 비해 인성이 강하다는 의미다.

탄소섬유와 유리섬유를 섞은 재료에 힘을 가했을 때 나타나는 힘과 신장의 관계를 〈그림 8〉에 나타냈다.

> ### 탄소섬유
>
> 섬유상태의 유기물을 열처리해 탄화시킨 것. 원료와 열처리방법에 따라 여러 가지 성질의 섬유를 만들 수 있다. 강도가 큰 탄소섬유는 섬유강화 복합재 용도로서 항공·우주재료, 스포츠 용품재료에 쓰인다.
>
> ### 유리섬유
>
> 용융된 글라스를 노즐로부터 뽑아내 섬유상으로 만든 것. 대개는 플라스틱 보강재로 쓰인다. 또 솜과 같이 짧은 섬유로 만든 것은 주택 단열재 등에 쓰인다.

고탄성 탄소섬유(CF)는 힘을 계속 가하더라도 변형되지 않는다(별로 늘어나지 않는다). 그러나 그래프에서 선이 끊긴 곳, 즉 신장이 1%에도 미치지 못하는 곳에서 힘없이 끊어져버린다. 그러나 유리섬유(GF)는 힘이 걸렸을 경우 변화율은 크지만, 어느 정도 늘어나지 않으면 끊어지지 않는다. 이 두 종류의 섬유를 혼합하면 그림 가운데 CF/GF의 선으로 표시한 관계가 된다. 처음에는 탄소섬유의 성질에 가깝고 나중에는 유리섬유의 성질에 가까워지므로 복합효과를 얻을 수 있다. 이런 재료는 갑자기 파괴되지 않는다.

이러한 성질은 두 가지 재료를 복합시켜 얻어지는데, 단독재료로서 이러한 특성을 갖는 것도 있다. 〈그림 8〉에 점선으로 표시된 재료는 철이다. 철은 고전적인 재료이면서도 인텔리전트 재료다. 처음에는 대단히 딱딱하지만 힘을 받으면 탄소섬유처럼 돌연 파괴되지 않고 늘어남으로써 충격을 흡수한다. 탄소섬유와 유리섬유의 복합체처럼 상황에 따라 자신의 성질을 변화시킬 수 있는 자기조절기능을 단독으로 발휘하는 것이다. 철근 콘크리트가 단단한 재료로서 흔히 쓰이는 이유는 이 철로 보강되어 있기 때문이다. 콘크리트는 압축력에 강하지만, 인장력에는 약하다. 그래서 인장력에 강한 철근으로 보강하는 것이다. 철근 콘크리트는 굳은데다가 갑자기 부서지지 않아 전체가 파괴되는 일이 없다. 차에 들이받힌 전봇대를 보면 콘크리트가 부서져도 철근의 힘으로 서 있는 경우가 있다.

학제연구의 성과

내가 어느 강연에서 『두 가지 재료의 조합으로 안전진단을 할 수 있지 않을까, 더욱이 종래의 센서로는 불가능한 대형구조물의 진단이 가능하지 않을까?』라는 견해를 제기했더니 시미즈 건설(주)의 간부가 다음과 같은 말을 했다. 『아이디어가 매우 흥미 있는데, 좀더 이야기를 듣고 싶다. 연구소 사람들에게 이야기를 해주었으면 한다.』 내가 탄소섬유와 유리섬유의 조합을 생각하고 있다고 했더니, 그는 놀랍게도 『우리 회사에 그 재료가 있다』는 것이었다.

그 재료를 개발하게 된 동기를 물어보았더니 철근 콘크리트의 철근 대체재로서 연구 중이라고 했다. 앞에서 말한 바와 같이 철은 인텔리전트 재료이지만 녹이 스는 결점이 있다. 캐나다 등 한냉지대에서 겨울철 동결을 막기 위해 도로에 염수를 뿌리는데, 이 때 염수가 땅에 스며들어 콘크리트 속의 철근을 부식시킨다. 또는 해안에서 소금물과 맞닿는 곳이라든가 바다 속의 구조물에 들어 있는 철근은 녹슬게 마련이다. 더욱이 요즘에는 콘크리트에 섞는 모래가 부족해 염분이 많은 해사를 쓰는 경우가 있는데, 이것도 철근을 쉽사리 녹슬게 한다. 철근이 녹슬면 팽창하여 콘크리트를 내부에서 붕괴시키는 원인이 된다. 그래서 철근 대체재에 대한 연구를 진행하고 있었던 것이다. 그 결과 염수에 닿아도 녹슬지 않고 기계적으로

도 철근과 동등하거나 그 이상의 성능을 갖는 재료로
서 탄소섬유와 유리섬유를 조합하여 플라스틱으로 굳
힌 재료를 개발했다는 설명이었다.

〈그림 8〉을 보아도 알 수 있듯이 탄소섬유와 유리
섬유를 조합하면 철근과 거의 같은 성질을 얻을 수
있다. 예컨대, 철근 대체재로서 FRP(유리섬유강화
플라스틱)를 살펴보자. FRP는 철근에 비해 지나치게
연하다. 유리섬유 대신 탄소섬유를 사용한 탄소섬유
강화 플라스틱은 철근처럼 늘어나지 않으며, 게다가
재료로서는 지나치게 고가다. 이러한 장점을 살리고
단점을 보완한 재료가 유리섬유강화 플라스틱과 탄소
섬유강화 플라스틱을 조합한 탄소섬유유리섬유강화
플라스틱인 것이다. 이 재료는 갑자기 파괴되지도 않
으며, 녹슬지도 않는다. 더욱이 이 탄소섬유유리섬유
복합재료는 동일강도를 갖는 철보다 훨씬 가볍다. 철

FRP

　섬유강화 플라스틱(fiber-reinforced plastic). 플라스틱에
강화섬유를 가해 강도를 크게 향상시킨 복합재료. 유리섬유
로 강화한 플라스틱을 가리키는 경우가 많다. 가볍고 고강도
이기 때문에 헬멧, 욕조, 보트 등에 폭넓게 쓰이고 있다.

근 대체재로서 개발된 이 복합재료는 현재 사용되고 있는 철근과 같은 굵기에서 같은 강도를 나타낸다. 따라서 시공방법을 변경하지 않고도 같은 강도를 갖는 구조물을 기존의 공법으로 만들 수 있다. 개발자가 동시에 사용자이기 때문에 당장에라도 사용할 수 있는 재료를 개발할 수 있었다는 것이다.

이처럼 이 조합은 전혀 독립적으로 개발되고 있었다. 내가 자기진단재료로서 생각하고 있던 것이 구조재료로서 이미 개발되고 있었던 것이다. 그러나 시미즈 건설에서는 이 재료가 자기진단기능도 겸비하고 있다는 것을 깨닫지 못했다.

나는 그 재료를 사용해 자기진단 재료로서의 적합성을 테스트하게 되었다. 그래서 먼저 시미즈 건설에게 이 재료의 전기저항력에 대해 물어보았으나, 전혀 모르고 있었다. 회사에서는 그 재료의 전기적 성질 같은 것은 한번도 측정한 적이 없었던 것이다.

나는 이 공동연구가 학제연구의 모델격이라고 생각한다. 나는 자기진단 구조재료에 대한 연구를 시작하기 전에 이러한 재료가 이미 세상에 있다는 사실도 모른 채 열심히 제안하고 있었다. 나름대로는 재료연구의 제1인자로 자부하고 있었는데, 내가 생각했던 재료가 개발 중에 있다는 것을 전혀 몰랐다. 그 때까지 내가 다루고 있던 재료의 설계는 mm 이하나 μ 단위의 미시 세계였다. 그러나 대형구조물이라면 몇 km에 달하는 단위로서 그 때까지는 아무런 연결고리를 찾지 못했던 것이다. 말이야 이렇게 간단히 하지만 재료연구자로서는 부끄러운 이야기다. 그러나 이러한 부끄러움은 학제연구에 늘 따라다니는 것이라고 할 수 있다. 이 학제연구를 통해 새로운 재료가 개발된 것이다.

이번 공동연구에 토대를 두고 대형구조물을 인텔리전트화하는 방안을 발표했더니, 1994년 10월 영국 글래스고에서 열린 국제회의 초청강연 의뢰가 들어왔다. 나에게는 그 강연이 기념할 만한 것이었다. 그 강연에서 나는 토목공학에서의 인텔리전트 재료를 주제로 발표했는데, 일렉트로닉스의 작은 인텔리전트 재료가 아니라 토목공학의 거대한 재료에 대해 이야기한 것은 그 때가 처음이었다.

테스터를 이용한 진단

탄소섬유유리섬유 복합재료의 전기저항 측정에는

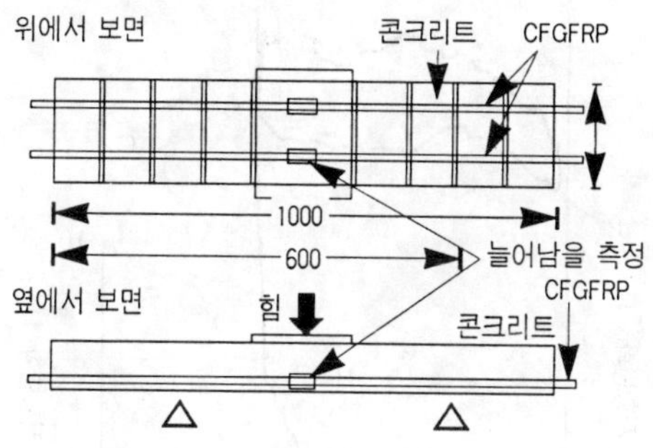

〈그림 9〉에 표시한 시료를 사용했다. 탄소섬유와 유리섬유를 콘크리트 속에 매설할 때는 내식성을 가진 플라스틱을 이용해 막대모양으로 굳힌다. 콘크리트에 매설해서 사용하는 것이므로 측정할 때도 길이 1m, 폭 20cm, 두께 10cm의 콘크리트 속에 이 막대모양의 탄소섬유유리섬유근을 두 개 매설하여 여기에 힘을 걸어 구부린다. 양 끝을 유지하고 위에서 중앙 부분을 누르면 그 아래쪽으로 인장력이 걸린다. 이렇게 힘을 가할 경우 하중과 변형, 전기저항을 측정해보았다. 〈그림 10〉은 그 결과 중 하나다.

이 그래프에서는 세로축에 전기저항 변화, 가로축에 변형률을 취하고 있다. 전기저항은 그래프의 H 부

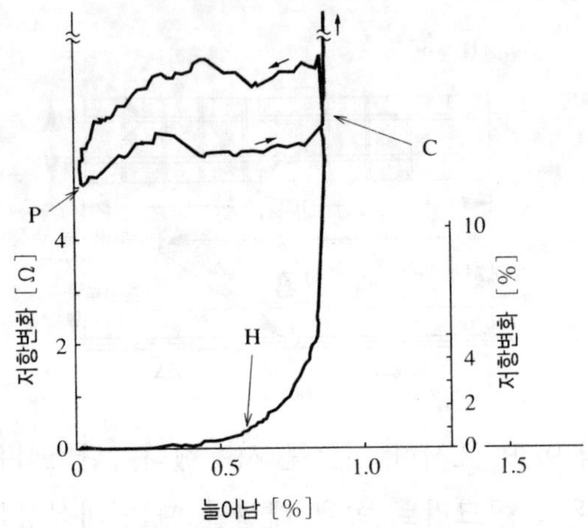

〈그림 10〉 탄소섬유유리섬유강화 플라스틱의 신장과
저항변화(초기저항 42Ω)

근이나 어느 변형률까지 거의 증가하지 않는다. 전기
저항 값이 이 사이에 있다면 그 재료는 건강한 것이
다. 즉 저항이 증가하지 않으면 탄소섬유는 거의 끊
어져 있지 않다는 것을 나타내기 때문이다.

한편 저항값의 증가는, 탄소섬유가 끊어져 전기 흐
름이 어려워졌다는 것을 의미한다. 그래프를 보면 변
형률이 0.9% 정도에 이르러 전기저항이 급증하는 것
으로 나타나 있다. 탄소섬유가 끊어지기 시작한 것이
다. 이 저항증가는 대단히 크기 때문에 쉽게 검출할
수 있다. 뿐만 아니라 저항은 가장 큰 곳에서도 수십

옴(Ω)이므로 몇십 퍼센트가 변화하더라도 쉽게 측정된다. 더욱이 여기에서 사용된 탄소섬유는 온도에 따른 전기저항의 변화가 거의 없다. 따라서 온도는 전기저항의 변화에 영향을 끼치지 않아 온도보정을 할 필요가 없다.

전기저항이 급격히 증가하고 있을 때는 탄소섬유가 하중을 못 견뎌 계속 끊어지고 있다는 의미다. 그러므로 만약 탄소섬유만으로 강화한 재료라면 이 급격한 저항변화를 검지했을 때는 손쓸 틈도 없이 전부 파괴되어버린다. 그런데 이 실험처럼 유리섬유가 섞여 있다면 유리섬유는 아직 끊어져 있지 않기 때문에 현저한 저항증가를 측정할 수가 있다. 유리섬유가 끊어져 전체가 파괴되어버리는 것은, 변형률이 그 배에 가까운 1.66%가 되었을 때였다. 즉 변형률이 약 1%인 곳에서 탄소섬유가 끊어지기 시작한다는 신호가 나오지만, 아직 전체는 파괴되지 않았으므로 본격적인 파괴가 진행되기까지는 아직 여유가 있다. 이 시료에서 완전 파괴하중에 대해 급격한 저항증가가 관찰될 때의 하중은 58%로서 치명적인 파괴 때까지 약 40%의 여유가 남아 있었다. 이처럼 병에는 걸렸으나 아직 사망에 이르지 않은, 즉 죽지 않았고 곧 죽는 것도 아닌 죽기까지의 여력이 반 가까이 남아 있는 상태를 만들 수 있다. 뿐만 아니라 그 상태에 있다는 것도 간단하게 파악할 수가 있다. 이 탄소섬유유리섬유강화 플라스틱근(筋)에서 리드 선을 밖으로 뽑아두기만 하면 시판되는 테스터 하나로도 극히 간단하게 검지할 수 있다.

비현실적인 진단방법의 예

실제로 탄소섬유만을 써서 파괴 검지를 시도하고 있는 연구 그룹도 있다. 그러나 탄소섬유만으로 이루어져 있을 경우 탄소섬유가 끊겨버리면 재료가 파괴되고 만다. 그러므로 대단히 미약한 저항변화, 즉 탄소섬유가 끊어지기 직전의 변화를 측정해야만 한다. 〈그림 10〉의 H에서 저항변화를 찾아낼 필요가 있다. 이토록 미약한 저항변화를 엄밀하게 측정하려면 아무리 온도에 대한 저항변화가 작은 탄소섬유라도 온도변화가 저항값에 영향을 미치므로 온도보정이 필요하다. 그 밖에 전극에 의한 영향과 노이즈(noise)를 고려하는 등 여러 가지 대책을 강구하다 보면 대단히 복잡해져 최종적으로 3억 원 정도의 고가 장치가 되어버린다. 뿐만 아니라 애써서 그 미약한 변화를 검출한 직후에 탄소섬유가 모두 파괴되어 결국 「사망진단」에 그칠 따름이다.

그러나 내가 제안하는 방법은, 『저항이 그다지 변하지 않고 있는 상태는 아직도 튼튼하다는 뜻이니 안심해도 된다』라고 진단한다. 그리고 완전히 파괴되기 전에 저항변화를 검출함으로써 살아 있는 상태에서 질병을 진단하는 것이다. 이 때는 수십 옴의 저항이 수십 퍼센트나 변화한다. 이러한 변화는 일반적인 테스터로도 충분히 측정할 수 있다. 테스터는 몇만 원이면 구입할 수 있다. 어느 쪽이 첨단기술처럼 보이겠는가? 몇만 원의 기술은 가볍게 보아넘기기 일쑤이지만 이것이야말로 테크노데모크라시인 것이다. 몇억 원의 장치를 살 수 있는 사람은 거의 없기 때문에 그 기술은 일부 사람에게 독점될 뿐이다. 이것이 테크노모노폴리다.

같은 탄소섬유유리섬유 복합재료를 사용하는 경우에도 탄소섬유 절단상태에 대한 검출방법에 따라 상당히 다른 기술이 된다. 탄소섬유가 끊어질 때는 작은 소리가 난다. 우리가 실시하던 실험 중에도 탄소섬유가 끊어지는 소리를 들을 수가 있었다. 탄소섬유가 끊어지는 소리를 검출해 파괴를 판단하는 것은 고급기술이다. 파괴가 시작될 때 발생하는 미약한 음향을 검출하는 기기도 첨단기술을 이용해 개발되어 있지만 값이 비싸서 전문가가 아니면 다룰 수 없다. 게다가 이 방법은 미약한 소리를 검출하는 음향 센서를 따로 부착해야만 한다. 이 때 센서를 전부 붙이는 것은 대공사이므로 약한 곳에만 붙이자, 그리고 약한 곳이 있으면 보강해야 한다라고 하는 이미 설명한 「센서와 보강의 악순환」에 빠지고 만다. 이것은 애써서 훌륭한 재료를 개발했더라도 그 자체만으로는 불충분하다는 것을 보여주는 예이다.

기왕증의 진단

어쨌든 실험개시 당초에는 치명적인 파괴에 이르기 전의 제1단계 파괴를 간단히 검출할 수 있었다. 그것만으로도 훌륭한 인테리젠트 재료다. 그런데 실험을 진행해가면서 더욱 흥미로운 사실을 알게 되었다. 탄소섬유가 끊어지기 시작해서 저항이 상당히 증가된 곳, 즉 〈그림 10〉의 C ── 아직 완전히 파괴되지는 않았지만 상당히 파괴된 곳이다 ── 에서 힘을 가하는 것을 멈추어보았더니 P로 되돌아왔다. 증가한 전기저항은 조금 줄지만 원값으로는 돌아가지 않는다. 힘을 제거해도 저항증가는 남는다. 탄소섬유가 거의 끊어져버렸기 때문에 전기저항은 높은 상태로 남아 있다. 저항 증가분이 조금 감소하는 이유는 힘이 제거된 뒤에 끊어진 탄소섬유의 일부가 재접촉하여 전기가 흐르기 때문이다.

이 때의 변형률은 0.04%로 거의 제로에 가깝다. 어디에서 파괴가 일어났는지 알 수 없고, 파괴가 일어났는지도 모를 정도로 겉모습은 제자리에 돌아와 있다. 그러나 저항이 증가하고 있다는 것은 내부의 탄소섬유가 대부분 끊어져 있다는 의미다. 다시 말해 과거에 저항 증가 상황, 즉 탄소섬유가 파괴될 정도의 힘이 걸려 파괴된 적이 있었음을 파악할 수 있는 것이다.

C점에서의 변형률은 약 1%였다. 1m의 시료이므로 변형은 약 1cm 정도다. 콘크리트는 거의 늘어나지 않고 파괴되어버리므로 1cm의 틈이 생겼다는 의미다. 실제로 힘을 가했더니 약 1cm의 금이 생겼다. 콘크리트에 금이 생기고 그것이 위로 진행되는 상태는 실험이었지만 보고 있는 동안 공포를 느끼게 했다. 그렇

지만 탄소섬유유리섬유 복합재료로 보강되어 있기 때문에 콘크리트는 떨어지지 않는다. 그리고 힘을 제거하면 콘크리트 블록은 원상태로 되돌아가고 금도 막혀버린다. 따라서 유심히 관찰하지 않고서는 그 곳을 발견할 수 없다. 그러나 저항은 10% 이상 증가한 상태로 남아 있기 때문에 간단하게 측정할 수 있다. 눈으로는 판별할 수 없더라도 그 때까지 큰 힘을 받아 약해져 있다는 것을 분명하게 알 수가 있다. 과거에 파괴된 적이 있음을 기억하는 것이다. 의학적으로 말한다면 기왕증(旣往症)의 진단이 가능하다는 것이다. 이 재료는 돌연사를 피하고 현재의 병과 기왕증까지 진단할 수 있는 훌륭한 재료다.

스트레인 센서(strain sensor)를 붙여 힘이 가해졌을 때의 변형을 조사하는 방법은 어떨까? 힘이 걸려 변형되고 있는 상태를 검출할 수는 있으나, 힘을 제거하고 변형 양을 거의 제로로 되돌리면 센서도 거의 제로값을 나타낼 것이다. 또한 과거에 큰 힘을 받은 사실은 알 수 없다. 과거의 손상 여부를 파악하려면 스트레인 센서가 검출하는 시간대별 변위(變位)를 연속적으로 기록하고, 그 메모리 중에서 최대값을 불러내는 작업이 필요하게 되므로 장치도 엄청나게 커질

뿐더러 복잡해진다.

우리가 개발한 구조에서는 건강한 상태와 병에 걸렸으나 죽지 않은 상태, 병에 걸린 적이 있는 세 가지 상태를 간단히 판정할 수 있다. 탄소섬유와 유리섬유를 조합한 단순한 구조를 가지고서 말이다. 그리고 이 재료는 애초에 철근의 대체재료로서 개발되었으므로 강도도 높고 화학적 내구성도 있다. 재료 자체는「튼튼한」것이다. 시미즈 건설은 이미 싱가포르의 고층건물 건축에서 콘크리트 상판을 이 탄소섬유 유리섬유강화 플라스틱으로 보강했을 때의 전기저항 변화를 조사하고 있다. 그에 따르면 콘크리트에 금이 갈 정도의 구부림이 가해질 때까지 전기저항은 거의 변화하지 않으나, 금이 간 뒤에는 휨의 정도에 따른 전기저항 증가를 나타낸다고 한다.

다음 장에서는 이 재료를 대형구조물에 응용하는 방안과 실용화되고 있는 예도 살펴보도록 한다.

제 7 장

자기진단 재료의 용도

항공기 사고를 막자

탄소섬유와 유리섬유를 조합함으로써 튼튼하고 자기진단이 가능한 재료를 만들 수 있었다. 그렇다면 센서를 겸한 강화재료인 탄소섬유유리섬유강화 플라스틱은 어떤 곳에 쓸 수 있을까?

이 재료를 개발했을 때 우선 떠올린 것은 항공기였다. 1985년 8월 점보제트기 추락 사고가 있었다. 그 원인은 후부 칸막이 벽에 숨어 있었던 손상이 파괴의 기점이 되었으며, 거기에서 공기가 새어 나가 그 충격으로 꼬리날개가 파손되었기 때문이라고 한다. 이 설에는 석연치 않은 점이 있으나, 그것은 제쳐두고 비행 전에 후부 칸막이 벽의 손상을 발견하지 못한 정비불량에 대한 비난이 일었다. 그러나 나는 당시의 검사체제와 기술로는 그 결함을 찾아낸다는 것이 무리였다고 생각한다. 이유에는 몇 가지가 있다.

우선 응력과 하중이 걸려 있지 않은 상태에서 항공기를 지상에서 검사할 경우 결함이 있더라도 대단히 발견하기 어려운 것이다. 지상에서는 비행기 안팎의 기압이 1이므로 후부 칸막이 벽에는 거의 힘이 걸리지 않는다. 그러나 상공에서는 기압 차가 생긴다. 이를테면 고도 1만 m일 때 바깥쪽은 0. 26기압이 되어 벽에는 큰 힘이 가해진다. 상공에서 눈에 띌 만한 균열이 발생했다 하더라도 지상에 내려온 후에는 원상태로 되돌아가 거의 안 보이게 마련이다. 앞에서도 설명했듯이 힘을 제거했을 때 1cm의 틈새를 전혀 발견할 수 없는 상태와 마찬가지인 셈이다.

또 이러한 손상은 좀처럼 일어나지 않는다. 만약 신칸센처럼 때때로 일어나는 손상이라면 매우 면밀히 조사했을 것이다. 기술도 향상되어 발견은 훨씬 수월했을 것이다. 그러나 항공기에는 좀처럼 손상 따위가 생기지 않는다. 그러한 이유로 검사를 게을리했다면 더욱 큰 잘못이라는 지적도 있을 것이다. 그러나 때때로 발생하는 결함을 찾을 경우에는 「반드시 있을 것이다」라는 자세로 찾지만, 여간해서 생기지 않는 결함을 찾을 경우에는 「아마 없겠지」라고 생각해버리는 것이 인간이다. 여간해서 일어나지 않는 손상을 「반드시 있다고 생각하면서 찾는다」는 것은 곤란한 일이다. 더군다나 발견하기 힘든 상처인데다가 주의해 보더라도 놓치기 쉽다. 발견하기도 어려울 뿐만 아니라, 거의 생기지 않는 결함을 찾아내라는 요구는 검사하는 사람에게 가혹한 것이다. 검사원의 자질 부족 때문이 아니라, 검사기술 시스템이 미숙하기 때문이다.

내가 개발한 방법을 이용하면 과거에 생긴 손상일지라도 파악할 수 있다. 검사에 앞서 과거 상처가 있었는가를 우선 체크하고, 전기저항이 증가할 경우에는 정밀하게 검사하면 될 것이다. 그랬더라면 충분히 발견할 수 있었을 것이다. 저항이상(抵抗異常)이 나타나면 철저하게 조사하고, 그렇지 않을 때에는 간단한 검사로 끝낸다. 이런 것이 「사람에게 친숙한」 기술이라고 생각한다.

교량 점검

항공기만이 아니라 현재 실시하고 있는 교량 검사 등도 마찬가지다. 이를테면 세토 대교에는 센서가 부착되어 있으나 검사원이 쌍안경을 들고 육안검사를 매일 실시하고 있다고 한다. 거의 매일 이상이 없는 상태가 되풀이된다. 아마 내가 검사원이라면 오늘도 이상이 없으리라고 판단해 빨리 끝내버릴 것이다. 그러다가 진짜 대형 사고가 일어날는지도 모른다. 『그러니 검사원은 매일 최선을 다해 세밀히 점검하라. 그것이 안전을 맡고 있는 자의 책임이다』라고 말하기는 쉬운 일이다. 그러나 사람이 아니라 기술 쪽에 문제가 있는 것은 아닐까?

진보된 기술이 개발되더라도 최종적으로 그 안전을 좌우하는 것은 인간이라고 흔히들 말한다. 최첨단기술을 동원해 만든 장치에 사고가 일어났을 경우 그 원인은 인위적 실수로 드러나는 사례도 많다. 안전을 책임지는 사람은 더욱 진지한 태도로 일에 임해야 한다는 것은 당연하다. 그러나 현재 기술은 인간 개인의 노력에 지나치게 의존하고 있는 것은 아닐까? 「안전을 지키는 사람에게 실수는 허용되지 않는다」라는 말은 확실히 지당하다. 그러나 그렇게 해도 사고는 사라지지 않는다. 실수를 범한 사람을 변호하는 것은 아니지만 현대 기술은 결코 사람에게 너그럽지 않다. 사람들은 무더운 날에는 일찌감치 일을 마치고 시원한 맥주라도 마시고 싶어한다. 매일 반복되는 일 속에서는 긴장이 느슨해지는 게 일반적인 현상이다. 인간에게 완벽을 바라기보다는 기술 쪽을 바꿔야하지 않을까?

　인간은 불완전하므로 몇 단계의 검사를 되풀이해서 실시하는 경우가 많은데, 100% 미만의 숫자를 아무리 곱해도 100%가 되지는 않는다. 모든 단계에서 결함을 발견하지 못하고 넘어가는 실수가 겹쳐질 수 있는 확률, 즉 사고가 일어날 확률은 제로가 아니다. 그렇기 때문에 사고가 일어나는 것이다. 공장에서 사고가 일어났을 때 『다음 단계에서 또 다른 검사원이 체크하도록 되어 있었으나, 공교롭게도 그 날은 검사를 생략했다』라는 식의 이야기를 흔히 듣는다. 현재의 기술은 검사원에게 가혹한 작업을 요구할 뿐만 아니라, 위험과 이웃하고 있는 상태에 있다고 해도 과언이 아니다. 보통 사람이 온 신경을 쓰지 않더라도 검사가 가능하도록 기술을 바꾸어야만 한다. 그러한 기술을 이용한다면 안전은 더욱 보장될 것이다.

　손상의 검지는 여러 분야에서 큰 문제로 대두되는 것 같다. 앞에서 소개한 신칸센의 교량만이 아니라 도쿄 돔의 텐트 같은 것도 그러하다. 최근 돔식 건축물은 각지에서 만들어지고 있으나, 현재 그 텐트를 유지·보수하기 위한 방법은 없다고 한다. 이처럼 대형구조물에 대한 유지·보수라든가 검사기술은 대단히 뒤떨어져 있다. 이러한 곳에 앞에서 소개한 재료와 방법을 이용하면 도움이 된다.

눈에 보이지 않는 과거의 상처를 조사하는 기술에 대한 수요는 많다. 항공기 이외에 자동차에도 사용할 수 있을 것이다. 사고차를 보수하여 무사고 차량처럼 위장 판매하는 악덕 상행위가 있다고 하는데, 이러한 방법을 통해 사고 여부를 쉽게 알 수 있을 것이다. 또 주택을 구입할 경우에도 도움이 될 것이다.

지진 전후에

보통 주택만이 아니라 빌딩이나 교량·도로·터널 등에 자기진단 재료가 매설되어 있다면, 특히 지진 후에 큰 도움이 될 것이다. 지진으로 인해 건물이 흔들리고 균열이 생겨도 지진이 끝나면 먼저 상태로 되돌아가는 경우가 흔히 있다. 이러한 건물을 사용해도 좋은지, 교량을 건너도 되는지, 재건축을 해야 하는지 판단하기도 어렵거니와 현재는 확인하는 데 많은 시간이 걸린다. 보통 사람은 도무지 알 수가 없다.

그러나 앞에서 설명한 방법을 이용해 전기저항을 측정하면 파괴 여부를 쉽게 알 수 있다. 즉 저항증가

여부를 살펴보면 이러한 고민으로부터 벗어날 수 있다. 또 대지진으로 파괴된 구조물은 지진 후 사용에 지장이 없어보이더라도, 다음 지진 때에는 여느 구조물보다 취약해지게 마련이다. 이와 같은 잠재적인 손상도 이 방법으로 검출하여 파괴된 곳을 수리하고 보강해두면 막을 수 있다.

강연 등에서 이러한 방법을 이야기한 것이 1993년 11월경이었는데, 다음해 1월 미국에서 노스리지 지진이 일어났다. 제안을 계속하고 있는 동안 이번에는 한신아와지 대지진이 일어났던 것이다.

노스리지 지진 후 로스앤젤레스에 사는, 평소 친하게 지내던 어떤 선생으로부터 『야나기다의 방법은 지진 후만이 아니라 지진 전에도 유용하다』라는 평가를 받았다. 지진 후에 파괴된 고속도로나 건물을 면밀히 조사해보았더니, 반드시 지진의 영향을 받아 부서진 것은 아니라는 사실을 알게 되었다고 한다. 물론 직접적인 지진으로 붕괴된 건물도 있으나, 구조상 결함이 있는 건물이 지진 때문에 무너진 예가 많다는 것이다. 부실한 구조물이 마침내 지진으로 파괴된 것이다. 강한 충격을 받았음에도 불구하고 부서지지 않은 건축물이 있는 반면에, 미약한 진동에 무너진 경우도 있었다. 요컨대, 지진은 계기에 불과하며 당연히 파괴될 건물이 파괴된 예가 많았던 것이다. 그런데 내가 제안한 방법으로 이러한 사실을 알 수 있었다고 한다. 즉 미리 이 재료로 구조를 만들어두면 대지진으로 무너지는 부위를 사전에 알 수 있다는 말이다. 건물의 특정 부분에 어느 정도의 균열이 발생했는지 알 수 있다면 그 곳을 보수해서 심각한 손상을 방지할 수 있다. 때때로 저항변화를 측정하여 변화가 있을 경우 수리와 보강을 해두면, 지진으로 인한 피해를 최소화할 수 있을 것이다. 따라서 지진 후뿐만 아니라 지진에 대비해 사용할 수도 있다는 것이다. 로스앤젤레스에서는 지진 전후의 고속도로 진단에 이 기법을 사용하는 것이 검토되고 있다고 한다.

이처럼 잠재적인 약점이나 손상을 간단한 방법으로 검출하는 기술은 여러 가지 용도에 사용할 수 있다. 내가 제안하는 방법은 정기검진으로서 항상 검사하지 않아도 된다. 과거에 받은 충격도 알 수 있기 때문이다. 1년에 한 번이면 충분하다고 생각한다. 정기적으로 또는 지진이 일어난 뒤에 검사하면 된다. 그 때 이상이 발견되면 보수하는 것이다.

스트레인 센서 등을 이용하는 방법은 현재 얼마만

큼 늘어나 있는가를 측정하는 것이므로, 진동이 가라 앉은 후에는 어떤 변화도 기록되지 않는다. 그리고 흔들리는 동안 계기를 계속 연결해두지 않으면 측정이 불가능한 단점도 있다. 100년에 한 번 정도밖에 일어나지 않는 지진에 대비해 늘 계기를 연결해두고 가동한다는 것은 바보스러운 일이다. 그보다는 1년에 한 번 정도 정기적으로 건물의 안전도를 계측하는 센서 쪽이 훨씬 유효하다.

새 건물을 지을 때는 이 자기진단 재료를 사용해 시공한다. 기존 건물에는 외벽 첨부용으로 설계된 디바이스를 주요 부위에 부착해 진단하면 된다. 디바이스를 붙이기 전까지의 손상이력(損傷履歷)은 알 수 없으나, 붙이고 나서부터는 진단이 가능하다. 그런데 이 경우 처음부터 자기진단 재료를 매설하는 건축물과는 달리, 구조물 자체의 파괴상태를 파악할 수는 없다. 그러나 구조물 전체 또는 일부분에 큰 힘이 가해진 사실은 알 수 있으므로 그 부분을 주의해서 점검하는 것이 바람직하다. 이 디바이스는 다이요 공업(太陽工業), 나가노 계기(長野計器)와 함께 (구) 신기술사업단(新技術事業團)의 융자로 개발 중에 있다.

이런 방식을 제안하던 중 이번에는 일본에서 대지진이 일어났다. 이 기술은 지진 전후에도 유용하게 쓰인다는 주장을 해왔는데, 나의 노력이 부족했는지, 사회의 수용이 늦어져 대단히 안타까웠다. 지진의 참상을 보고 나서 테크노데모크라시의 필요성을 더욱 절감했다.

위험건물의 판정

지진 후 많은 건물에「위험」,「출입금지」등의 경고 표지가 붙어 있었다. 이러한 문구는 대부분 파괴 정도가 심각한 건물에 붙여져 있었는데, 육안으로 식별하기에 파괴되지 않은 듯한 일부 건물에도 붙어 있었다. 반대로 심하게 부서진 건물인데도 경고 표지가 없는 경우도 있었다. 전문가가 판정한 것이겠지만 좀처럼 납득할 수 없었다.

쉽게 상상할 수 있겠지만 세상에는 여러 부류의 사람들이 있다. 어떤 사람은 자신의 건물에 손상 판정이 내려지기를 바란다. 그럴 경우 보험금이 나오니까 이번 기회에 다시 짓겠다고 생각한다. 그런데 판정은 「건물사용가능」이라고 내려진다. 반대 입장의 사람도 있다. 어쨌든 계속 살고 싶어한다. 그런데「위험!
출입금지」판정을 내린다. 설명을 들어보아도 잘 알
수 없다. 대부분의 사람들은 전문가의 진단이니 틀림
없다고 생각하면서도 어쩐지 개운하지 않은 듯하다.
전문가가 기술을 독점함으로써, 일반시민이 납득할
수 있는 방법으로 설명이 이루어지지 않는 것이다.
이야말로 테크노모노폴리인 것이다.

더욱이 특별훈련을 하루만 받고도 전문가로 행세하
며 건물의 안전 여부를 판정하는 웃지 못할 사례도
있다. 피해 규모가 너무 커서 그런 식으로라도 인력
을 충원할 만큼 상황이 절박했는지는 모르지만, 전혀
자격을 갖추지 못한 사람이 건물의 안전을 어떻게 판
정할 수 있겠는가? 현재 건물의 안전도 판정은 기본
적으로「눈조사」에 급급한 듯이 보인다. 숨겨진 상처
는 간과되기 쉽다. 객관적으로도 불신감을 품기 쉽
다. 판정에 불복해 따지게 되면 뒤바뀌는 사례도 있
다고 하니, 점점 더 신뢰성이 사라진다. 아무리 전문
가의 판정을 믿으라고 해도 무리인 것이다.

그러나 내가 제안한 방법을 쓰면『보기에는 튼튼하
지만 저항이 세 배로 증가했으므로 위험한 상태다』,
『심각해보이지만 저항이 10% 늘어난 정도이므로 보

강하면 걱정 없다』는 식으로 숫자를 정량적으로 표시할 수가 있다. 따라서 이해 당사자 쪽에서도 충분히 납득할 수 있을 것이다. 또한 직접 측정해보도록 테스터를 넘겨주어도 좋을 것이다. 테스터 값은 몇만 원 정도에 불과하므로 직접 구입해 측정해보자는 생각이 들 것이다. 물론 가능하다. 퍼블릭 커미트먼트이며 퍼블릭 인볼브먼트인 것이다. 이 기술은 「시민의 시민에 의한 시민을 위한」 기술이 될 수 있다. 훈련을 받은 전문가만이 가능하다거나 몇억 원 대의 장치가 아니면 측정할 수 없는 기술이 아니다. 자신이 직접 해보겠다는 생각을 불러일으키는 것이 테크노데모크라시 아닐까?

주변에 있는 교량의 점검

퍼블릭 커미트먼트를 기대할 수 있는 또 한 가지 예는 교량의 점검이다. 교량의 유지·보수에 관해서는 앞에서도 몇 차례나 설명했다. 사실 대형구조물 진단을 생각하기 시작한 것은 교량문제부터였다. 미국에서는 자주 다리가 무너져 큰 사회문제가 되고 있다. 일본에서는 계속 대형 교량이 만들어지고 있으며,

신칸센 철교 등의 노후화가 가까운 장래에 문제가 될 것으로 판단되어 손쉬운 교량 진단 문제에 흥미를 갖게 되었던 것이다.

나의 제안은 다음과 같다. 탄소섬유유리섬유 복합재료를 구조재료로써 사용한 교량을 만든다. 또는 기존의 교량에 이런 개량형 디바이스를 붙인다. 강변에는 산책이나 조깅을 즐기는 사람이 있을 것이다. 그들에게 매일 아침 산책 나갈 때 테스터를 가지고 가서 교량을 건너기 전에 측정해보고 저항의 변화가 생기면 바로 통보하도록 한다. 이야말로 퍼블릭 커미트먼트가 아닐까? 보수까지 시민이 맡으라는 뜻은 아니다. 그것은 전문가의 몫이다. 점검을 위해 몇억 원의 고가 장치를 설치할 경우 작은 교량은 제외될 것이고, 산책을 나선 김에 직접 검사할 수도 없으니 모두 전문가에게 맡기게 된다. 내가 제안하는 방법이라면 이웃 주민의 참가를 얻어 일상적인 점검을 간단히 실시할 수 있는 것이다. 『돌다리도 두들겨보고 건넌다』라는 속담이 있는데, 『현대의 교량은 테스터로 측정하고 건넌다』라는 새로운 표어가 생길 만하다.

한국에서도 성수대교 붕괴사고가 있었다. 그런데 그 전부터 교량의 안전에 의문을 제기한 사람은 있었지만, 입증가능한 객관적인 수치로 안전도를 측정하고 발표한 적은 없었다. 『위험하지 않을까?』라는 지적만으로는 실제로 건너다니는 사람에게 위기감이 생기지 않는다. 위험을 정량화할 수 없었기 때문에 누구도 보수하지 않았을 것이다. 그러나『저항이 몇 배로 늘어나고 있다』라고 말했다면 사고를 막을 수 있었을지도 모른다. 이처럼 기술은 객관적으로 표현할 수 있는 기법을 제공해야만 한다.

눈에 뜨이지 않는 손상을 조사해보고 싶다는 요구가 과거 지진에서도 많이 있었고, 앞으로의 구조물에서도 필요할 것으로 예상되고 있다. 잠재되어 있는 손상을 검출하는 것이 가능하다면 구조물의 재사용 여부뿐 아니라, 수리나 보강의 필요성을 판정할 수도 있다. 구조물이 자기진단재료로, 게다가 단순한 구조로 구성되어 있다면 그러한 것은 매우 용이한 일이다. 특히 손상된 부위가 구조물 내부나 지하 또는 해저에 매설된 구조물 속에 있을 경우 다른 방법은 생각할 수 없다. 교량, 고가도로, 바다 속 또는 지하매설 구조물 등의 정기검사를 실시한다면 지진 발생시 파괴 가능성이 큰 곳을 미리 알 수 있을 것이다. 또 지진 후 파괴의 정도를 외형상 파악하기가 곤란한 구조에도 잠재적인 손상의 정도를 정량적으로 판정할 수 있다. 내가 제안하는 방법은 저항측정이라는 객관적인 수치를 사용하므로 일반 시민들도 납득할 수 있다.

방범에 대한 응용

탄소섬유유리섬유강화 플라스틱은 이 밖에도 여러 가지 용도에 사용할 수 있다. 공동연구를 하고 있는 종합경비보장(주)에서 재미있는 사용방법을 찾아주었기에 소개하고자 한다. 금고의 방호벽 보강근(補强筋)으로 사용하는 것이다. 이 재료는 강하면서도 자기진단이 가능한 구조재료와 기능재료가 융합되어 그 특성을 가장 잘 살린 응용예라고 할 수 있다.

최근 흉악해지고 있는 범죄에 대비한 방범대책에도 새로운 방법을 도입할 필요가 있다. 지금까지는 적외선 센서나 카메라 감시 등을 이용해 침입자를 막을 수 있었다. 그런데 최근에는 귀금속 가게나 은행의 벽면, 출입문, 천장 등을 파괴하고 침입하는 등 범죄가 더욱 거칠어지고 있다. 그러나 기존의 감시장치를 곳곳에 설치한다는 것은 비용 면에서도 현실적인 대책이라고 할 수 없다.

탄소섬유유리섬유복합 플라스틱을 벽에 배치해두어 한 곳이 파괴되면 전기저항이 대폭 증가하므로 침입을 검지할 수 있다. 또 그 자체로도 보강재 역할을 하기 때문에 콘크리트 구조도 강화된다. 건물을 튼튼히 하면서 벽 자체가 방범 시스템이 되는 것이다. 지금까지는 감시 카메라를 파괴하고 침입하는 사례가 있었으나, 이 시스템에서는 센서만을 부수기가 곤란하다는 이점이 있다. 침입자는 무엇이 센서인지 알 수 없다. 벽을 부수면 저항이 늘어나 경보가 울린다. 더욱이 이 재료는 철근대체재로 사용되는 것이어서 강도가 높고 부수는 데에도 시간이 걸린다. 그 사이 경비원이나 경찰이 출동해 범인을 체포하면 된다. 침입자는 이러한 사실을 모르기 때문에 구조재료를 부수는 사이에 경보가 울리는 것이다. 센서이면서 동시에 강도재료인 인텔리전트 재료인 것이다.

센서와 구조재료가 별개로 되어 있다면 센서가 파괴됐을 때 경보가 울리지 않을 수도 있으며, 벽이 완전히 파괴된 후에야 센서가 작동하는 경우도 있을 것이다. 물건을 도난당한 후 센서가 작동되더라도 경비원이 달려올 무렵이면 이미 늦게 된다. 이에 비해 이

재료는 파괴되는 순간부터 저항이 바뀌므로 즉시 경
보가 울린다. 손상되는 부위가 어디든 간에 쉽게 검
지할 수 있고, 그 부위도 즉시 알 수 있다. 게다가
침입을 위해 파괴하는 데에도 시간이 걸리는 강한 재
료인 것이다. 이 탄소섬유유리섬유강화 플라스틱근을
버너로 절단하려면 철근보다 다섯 배 이상의 시간이
걸린다는 데이터도 나와 있다. 그리고 물론 지진 후
의 점검도 가능하다. 이 금고 방벽의 사용은 최근 1
년 사이 급속히 증가했다.

더욱 재미있는 발상이 있다. 보통은 철근과 같이
벽 속에 매설하지만 바깥쪽에 붙여서 사용하는 아이
디어가 그것이다. 건물에 대한 응용으로 신축 구조물
에는 시공 중에 함께 매설하고, 기존 건물에는 벽면
에 붙이자는 제안을 했는데, 전자의 경우에도 외벽에
설비할 수 있다. 콘크리트 안에 매설해버리면 밖에서
보이지 않으므로 침입자가 이를 깨닫지 못하고 파괴
할 수도 있다. 따라서 밖에서 보이도록 설치하자는
대담한 발상이다. 쓸데없는 범죄 행위를 미리 방지하
게 되므로 도둑에게도 부드러운 기술이라 하겠다. 이
방법은 이미 금융기관에서 실제로 사용하고 있다. 밖
에서 보이도록 해두면 파괴되지 않아 낭비를 줄일 수

있다. 도둑을 잡는다 해도 부서진 다음이라면 재시공을 해야 하기 때문에 사전에 이를 방지하는 것이 가장 바람직하다.

건물에 대한 응용으로는 시미즈 건설이 싱가포르의 66층 건물 콘크리트 상판 부분에 탄소섬유유리섬유강화 플라스틱 보강근을 넣어 태풍 피해나 노후와 지진 등으로 인한 구조재의 치명적 파괴를 체크할 수 있도록 한 예가 있다. 사실 일본의 현행 건축기준법에서는 철근 콘크리트구조에 반드시 철근을 사용하도록 명시해놓고 있다. 즉 철근을 일정량 이상 포함시키도록 정해져 있는 것이다. 「성능기준」을 적용해 강도가 규정되어 있으면 이 탄소섬유유리섬유강화 플라스틱 근으로 대체해도 상관없지만, 현재의 건축기준법에서는 「구조기준」을 적용하고 있기 때문에 어느 구조 속에 철근이 일정량 이상 포함되어야 한다는 것이다. 그래서 우리가 개발한 방법은 일본에서 채용할 수 없다. 철근 대체품으로 개발한 재료임에도 불구하고 철이 아니므로 단독으로는 사용할 수 없다. 철근의 단점을 보완해 경량구조재로 개발했지만 법 규정에 묶여 사용할 수 없게 된 것이다. 규제완화를 강력히 바라고 싶은 부분이다. 일반 건축재료와는 달리 금고의

방벽에는 많이 채용되고 있다. 하루 빨리 일반건축재
료에도 실용화되었으면 하는 바람이다.

제 8 장

기술자여, 시민이어라

현명함의 지표

제6장과 제7장에서 소개한 바와 같이 탄소섬유유리 섬유강화 플라스틱은 구조재료와 기능재료를 겸하는 현명한 재료다. 나는 이것을 현명한 재료의 전형이라고 생각하고 있다. 다시 한번 그 장점을 복습해보자.

먼저 구조재료로서 철처럼 강하다. 그리고 화학적으로 철보다 안정적이며 녹슬지 않는다. 파괴가 2단계로 일어나기 때문에 갑자기 파괴될 염려가 없어 안심하고 쓸 수 있다. 게다가 철보다 가볍다. 건설업은 3K(우리의 3D) 업종으로 일컬어지고 있으나, 가벼운 재료가 늘어나게 되면 그런 현상도 상당히 개선되리라고 본다. 고령자와 여성이라도 쉽게 일할 수 있는 업종으로 변할지도 모른다.

기능재료로서는 자기진단을 할 수 있다는 장점이 있다. 또 손상을 받지 않은 상태와 상당히 손상받았지만 완전히 파괴되지 않은 상태를 검지할 수 있다. 그리고 과거 상당히 심한 손상을 받은 적이 있다는 사실도 기억하고 있다. 바로 이 것이 대단히 큰 장점인 것이다. 이 방법을 쓰면 1년에 한 번 또는 몇 년 내지 10년에 한 번 검사해서 이상이 있으면 보강하면 된다. 줄곧 손상을 측정해서 결과를 기록해두는 연속계측의 필요성이 없으며, 정기검사만으로도 충분한 것이다. 이와 같이 많은 장점을 갖고 있는 것은 물론, 어느 하나도 여분의 기능이 없다. 전부 필요한 기능인 것이다.

이처럼 많은 메리트가 있으면서도 구성물질은 탄소섬유와 유리섬유, 그리고 이것을 한데 묶는 플라스틱 뿐이다. 이 재료는 대단히 지능이 높다고 해도 좋을 것이다. 부품의 수가 적은데도 필요한 기능을 다하고 있기 때문이다.

나는 재료나 기술이 얼마만큼 현명한가를 판정하는 지표로서 기술의 지능지수를 제안하고 있다. 이 지능지수 W_1은 꼭 필요한 기능의 수를, 그것을 구성하는 부품 수로 나눈 것으로 다음 식으로 표현된다.

$$W_1 = 필요한\ 메리트\ 수 / (구성\ 부품\ 수)^n$$

탄소섬유유리섬유강화 플라스틱은 구조재료 자체가

감지기능을 갖고 있기 때문에 구성하는 부품 수가 적어도 된다. 만약에 센서를 따로 추가하면 분모가 커지게 되므로 지능지수는 작아진다. 분모는 구성하는 부품 수의 n제곱이 된다. n은 1보다 크다. 즉 부품이 조금만 늘어나더라도 지능지수가 상당히 낮아진다는 것을 의미한다. 부품 수가 늘어나면 만드는 것은 물론 재생하기도 어렵고, 또한 이해하기 어려운 등의 단점이 생기기 때문이다. 고장 발생 활률도 높아진다. 고장나지 않을 확률은 각각의 부품이 고장나지 않을 확률의 곱이 되기 때문이다.

중요한 것은 부품 수가 적은 편이 고장날 확률이 적어진다는 점이다. 더 적은 요소로 더 많은 장점을 갖는 재료일수록 지능지수가 커지며 현명한 재료라고 할 수 있다. 이렇게 정의하면 이 탄소섬유유리섬유강화 플라스틱은 대단히 수준 높은 재료라는 것을 알 수 있다.

이 지수를 이용해 판단하면 단순한 구조로 많은 메리트를 얻는 것과 복잡한 구조로 하지 않으면 고도의 지능을 얻을 수 없는 것 가운데 당연히 전자가 지능이 높다는 사실이 명백해진다. 복잡한 것일수록 고급이라고 생각하는 잘못된 가치관을 스파게티 증후군의 세번째 징후라고 말했는데, 이 지수를 근거로 기술을 판정하면 그와 같은 오해도 틀림없이 줄어들 것이다.

스파게티 증후군의 또 다른 징후도 생각해보자. 복잡화의 방향에서 문제 해결을 도모하고, 기능 향상을 위해 부품과 회로를 늘린다는 사고방식이 스파게티 증후군의 두번째 징후였다. 이 방법을 쓰면 분모가 커져 지능지수는 낮아지고 만다. 본질보다 부수적인 일에 중점을 두는 것이 네번째 징후다. 아무리 메리트가 늘어나더라도 본질적인 것이 아니기 때문에 분자의「필요한 메리트 수」는 증가하지 않는다. 더욱이 다섯번째 징후는 본질의 저하였는데, 이것은 바로 분자를 의미한다. 어느 것이나 모두 지능지수를 높이는 방향이 아니다.

정말로 필요한 기능은 무엇인가? 가능하면 단순한 메커니즘으로 동일한 기능을 달성할 수는 없을까? 즉 원점으로 돌아가 오늘의 기술을 다시 바라볼 필요가 있다. 이 지수를 이용하면 기술에 대한 평가가 용이하게 이루어진다.

인텔리전트 재료의 제창

지능지수가 높은 재료야말로 진짜 현명한 재료라고 할 수 있다. 21세기의 기술에는 이와 같은 현명한 재료, 즉「현재(賢材)」의 개발이 필요하다. 그래서 인텔리전트 재료의 개념을 넘어서는 것으로서「현재」를 제안하기 위해 1994년 2월 현재연구회(賢材研究會)를 발족시켰다.

왜 인텔리전트 재료가 아니라 그것을 넘어선「현

현재연구회

현재연구회는 야나기다를 회장으로 하고,「현재」라는 사고방식을 공감해 실용적 가치를 찾아내고 있는 기업들로 구성된 연구조합이다. 종래의 연구회 또는 연구조합이 동업종 기업, 동종 학문 간의 연합체였던 데 비해 실로 넓은 범위의 업계가 참가하고 있다. 원래 야나기다의 개인적 발상은 나와 어느 회사와의 공동연구 성과가 다른 회사와의 공동연구 추진에 되도록 빨리 전용되고, 또한 도의적으로도 허용되는 구조가 필요했기 때문이다. 연구회의 목표는「현재」의 연구개발과 사회에 대한 조기 보급,「현재」라는 사고방식의 사회적 인지도 확산에 있다.

재」인가? 나는 기술의 간명성을 확립하자는 취지에
서 인텔리전트 재료를 제창해왔다. 그러나 최근 들어
인텔리전트 재료라는 말에 대해 복잡·난해하더라도
고성능이면 된다는 잘못된 해석이 나오게 되었다. 때
로 센서와 프로세서와 액추에이터 기능을 모두 갖춘
것이 아니면 인텔리전트로 간주하지 않는 풍조도 있
다. 그 때문에 내가 제안하는 재료는『인텔리전트 재
료가 아니다』라고 치부해버린다. 또한 인텔리전트라
는 단어에는 교활하다는 어감이 있다. 진정으로 필요
한 것은 지혜를 갖춘 재료인 것이다. 결국 인텔리전
트 재료와 구별하고, 잘못된 인식을 경고하는 의미에
서 다른 말을 생각하게 된 것이다. 내가 목표로 하는
것은 세상에서 말하는 인텔리전트 재료와는 다르다.
무엇보다도 인텔리전트 재료보다 상위의 개념이라는
점을 말하고 싶다. 그래서 지혜가 있는 재료, 무엇보
다도 현명한 재료라는 의미에서 「현재」라는 말을 쓰
기 시작한 것이다.

〈그림 11〉은 이 개념을 표현하는 현재연구회의 로
고다. 「현재」의 「현」을 일본어로는 「겐」으로 읽는
데, 이 「겐」이라는 발음은 「건(建)·검(檢)·겸
(兼)·건(健)·검(儉)·권(圈)」과도 통한다.

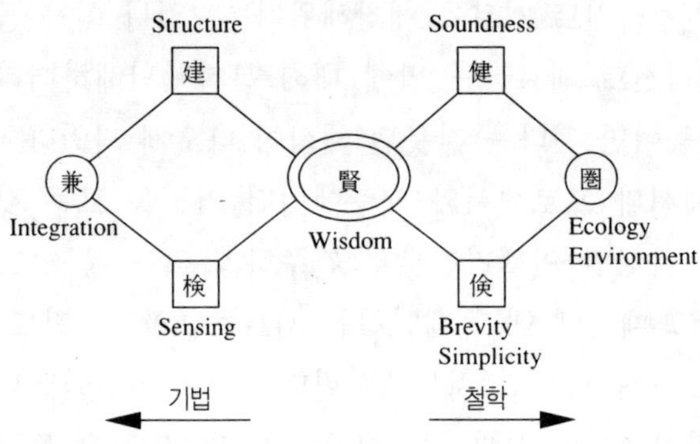

〈그림 11〉 현재(ken-materials)의 개념

먼저 자기진단과 자기조절 등 자율성이라는 현명함을 갖는「현」재다. 그리고 탄소섬유유리섬유강화 플라스틱을 금고방벽으로 사용한 예를 생각하면 강도가 충분하고 센서로서도 작동한다. 즉 건축재료라는 의미의「건」과 검지재료의「검」, 그리고 두 가지를 겸하는「겸」이다. 앞에서 말했듯이 대형구조물의 신뢰성 확보는 구조재료 자체가 센서 역할을 담당하지 않으면 불가능하다. 따라서 건축재료가 검지재료도 겸하는 현명함이 필요한 것이다. 마크 오른쪽은 단순한 구조로 복잡함을 생략한다는 검약의「검」으로서 이것은 자원과 에너지의 절약도 포함한다. 그리고 알기 쉬운 건전한 기술이라는 의미의「건」이다. 우리가 개발한 탄소섬유유리섬유 복합재료의 메커니즘은 아마도 대부분의 사람들이 쉽게 이해할 수 있을 것이다. 누구나 알 수 있는 기술이 테크노데모크라시다. 「건」에는 스파게티 증후군을 앓고 있지 않는 건강한 기술이라는 의미도 있다. 마지막으로 이용자에게 부드러울 뿐만 아니라 지구 전체에 대해서도 해악이 적은 재료라는 의미의 「권」이다. 일반인들에게 기술을 이해시켜주면 환경문제에 대해서도 주체적으로 관여하게 되어 문제해결도 진전될 것으로 생각한다.

겐머티리얼

이들 한자는 일본어 발음으로는 모두 「겐」이다. 이들 「겐」이 의미하는 바를 하나라도 더 받아들인 기술을 제창하고 실증해나가는 것이 현재연구회의 설립목적이다. 「현재」란 재료로서 필요한 기능과 구조를 겸하고 자원을 절약하며 지구적인 균형을 모색하는 재료를 말한다. 사회에 대한 기여도를 고려하면서 「현재」를 개발하는 것이 목적인 것이다. 즉 테크노모노폴리에서 탈피해 테크노데모크라시를 지향하는 재료로서 제안하고 있다.

「현재」의 개념은 사회적으로도 영향을 미쳤던 것 같다. 여러 신문이 현재연구회의 발족 기사를 다루었다. 〈요미우리신문(讀賣新聞)〉에서는 1994년 2월 22일 「탈 스파게티 증후군의 권유」라는 제목으로 현재연구회의 발족과 취지를 사설에 소개했다. 나의 이름도 실려 있다. 사설에 개인의 이름이 실리는 것은 흔치 않은 일이라 생각하지만 그만큼 영향력을 끼쳤다는 것이리라. 그래서 사회적으로도 지지를 얻고 있다.

나의 생각에 동의하는 전문가도 늘어나고 있으며, 현재연구회의 회원이 되는 기업도 늘어나고 있다. 「현재」의 사고방식과 개념을 받아들여 재료연구에 도전하는 연구실, 나아가 새로운 연구소나 학부를 만드려는 대학도 나타나고 있다. 나에게 이 사고방식을 사용해도 좋은지 양해를 구해온 대학이 적어도 세 군데 된다. 이와 같은 재료연구 프로젝트가 기술체계의 재구축과 기술의 건전화에 도움이 되기를 기대하고 있다. 마음껏 「현재」라는 사고방식을 사용해주었으면 한다.

처음에는 「겐」의 영역에 대해 열심히 생각했고, 현재연구회에서도 많은 토론을 거쳤다. 처음에는 와이즈(wise)를 생각했지만 결국 「겐」으로 하고, 해외에서도 이 발음의 한자가 든 마크를 소개하기로 했다. 이들 한자에 대한 중국어나 한국어의 발음은 전부 같지 않지만, 일본어에서는 같은 발음이라는 설명을 덧붙이고 있다. 비한자권 사람에게도 「건(建)」과 「건(健)」, 「검(檢)」과 「검(儉)」의 글자가 비슷하다는 사실이 흥미를 끌고 있는 것 같다.

후에 안 일이지만 스코틀랜드 사투리로 「겐」은 「아는 범위」 또는 「본다」는 의미라고 한다. 일본어에서의 「견(見)」이다. 그래서 영국인들은 금방 이해한다. 또 이름에 「겐」이 붙는 사람은 모두 자기 이름이라고 기뻐해준다. 독일어의 「켄넨(Kennen)」이라는 단어 역시 「안다」라는 의미다. 어설프게 영어로 하지 않고 독자성을 지킨 것이 다행이라고 생각한다. 이제는 「겐머티리얼」로서 국제적으로도 큰 관심을 모으고 있다.

1994년 글래스고에서의 강연이 나에게 역사적인 사건이었다는 것은 앞에서 말했다. 그 때 「토목공학에서의 인텔리전트 재료의 적용」이라는 주제로, 비로소 「현재 겐머티리얼」 개념을 국제적으로 제안했다. 그러한 의미에서도 이 강연은 기념할 만한 것이었다.

21세기 기술이란

　오늘날의 재료개발에는「오해받고 있는 인텔리전트 재료」가 상징하는 것처럼 복잡하고 뚜렷한 독창성이 없으면 연구할 가치가 없다는 풍조가 만연하고 있다. 그러나 그렇게 개발된 재료는 그것을 유지하기 위해 대형·고가의 기자재와 막대한 에너지를 필요로 하고 지구에게도 큰 부담을 안겨주게 된다. 그러한 것은 더 이상 허용될 수 없다. 이제부터는 무제한으로 독창적인 재료를 개발하는 것보다는 목적을 확실히 정해서 자연소재를 포함한 기존의 재료를 잘 이용해 많은「현재」를 만들어내는 일이 중요하다. 이것은 결코 재료 분야에 한정된 것이 아니다. 다른 과학기술 분야 역시 기술이 반드시 갖추어야 할 사회성과 경제성의 균형을 재검토할 시기에 와 있는 것이다.

　우리들이 개발한 탄소섬유유리섬유강화 플라스틱은 지금까지 설명해왔듯이 건축재료와 검지재료를 겸하고 있는 현명한 재료다. 그러나 이 재료와「환경」의 관계를 생각하면 사실은 어려운 문제가 있다. 구성은 대단히 단순하지만 재활용할 수 있는지가 어려운 일이다. 반드시 재활용하는 것만이 상책은 아니라고 생각하지만, 어쨌든 못 쓰게 되었을 때 어떻게 하는가에 대해서는 아직까지도 현명한 방법이 알려져 있지 않다.

그렇지만 적어도 이제까지의 재료보다는 진보되어 있는 것만은 확실하다. 100% 해결되지 않으면 한 발자국도 앞으로 나아갈 수 없다면 언제까지나 제자리 걸음을 할 수밖에 없다. 그래서 결국 그런 대로 상당히 진보했다고 인정하기로 했다. 구조가 간단하고 대단히 알기 쉬운 재료이므로 모두에게 함께 생각해보자고 청할 수가 있다. 그런 의미에서 사람에게 부드럽다고 할 수 있다. 함께 생각하는 가운데 언젠가는 환경 친화적인 것으로 만들 수 있지 않을까 생각한다. 정보를 감춘 채 불완전한 기술을 세상에 내놓는 것은 허용할 수 없는 일이다. 그렇다고 해서 완벽한 것이 될 때까지 기술을 독점해서 감추고 있는 것도 좋은 방법은 아니다. 알기 쉬운 기술을 공개해서 평가를 구하는 것이 훨씬 현명한 일이다.

21세기의 기술은 「사람」이나 「환경」 모두에 진정으로 부드러운 것이어야 한다. 그런데 환경문제 때문에 기술개발이 위축되고 있다는 의견도 있다. 무제한으로 무엇이나 개발할 수 있었던 때에 비해 지나치게 제한이 많아졌다는 시각이다. 그러나 거꾸로 목표 설정이 쉬워졌다는 측면도 있다. 환경문제로 인한 제한이 연구를 따분한 것으로 만든다는 생각보다는 상위의 개념으로 받아들여야 한다. 환경문제를 즐겁게 해결할 수 있는 기술로 현대의 기술을 격상해야만 하는 것이다. 그 때 기술의 간명함이 도움이 된다. 「간명함」에 우선순위를 두어 기술개발을 진행시키는 노력이 필요하다. 이 간명한 기술을 대표하는 것이 인텔리전트 재료를 초월하는 「현재 : 겐머티리얼」이다.

테크노파시즘을 되풀이하지 마라

나는 기술과 그것을 지탱하는 재료는, 일반 시민이 관여할 수 있는 것이어야 한다고 주장해왔다. 즉 테크노데모크라시인 것이다. 환경문제도 시민이 관여할 수 있어야만 해결의 실마리를 잡을 수 있다. 이와는 반대되는 입장이 테크노모노폴리다. 안타깝게도 현재는 아직 이 상태에 있다. 일반 시민에게 짜증스러움을 주는 기술을 이대로 계속 개발하게 되면 언젠가는 정말로 반란이 일어날지도 모른다. 21세기에는 군대를 동원한 전쟁이 아닌 기술자와 일반 시민 사이의 큰 전쟁이 일어날지도 모른다. 이제부터는 독점성을 타파하지 않는 한 기술은 존립할 수가 없다.

국제협력이라는 점에서도 같은 말을 할 수 있다. 기술을 독점함으로써 메리트를 얻으려는 것은 이미 국제적으로 통용되지 않는다. 일본 기술의 우수성은 해외에서 인정받고 있지만, 부드러운 기술은 아니라고 평가되고 있다. 일본의 기술자들만 알 수 있는 기술이라는 것이다. 기술을 보유해도 마음껏 사용할 수 없으며, 고장났을 경우 일본이 아니면 고칠 수 없는 것이다. 자신들이 고칠 수 없는 기술을 팔아넘긴 것에 대한 반발도 예상된다.

그와 같은 사태를 피하려면 기술자는 어떻게 해야 좋을까? 가치관이 다른 사람과 쉬운 말로 이야기를 나누며, 대화의 내용을 이해하기 쉬운 것으로 만들면 된다.

개발자에게는 개발한 것에 대한 책임이 있다. 과학 기술이 악용되는 것에 대해 과학자나 기술자에게는 죄가 없다. 사용하는 쪽의 책임이라는 의견도 있다. 사회를 위해 선이라고 믿고 연구한 성과가 뜻하지 않은 곳에서 악용되었을 때, 그러한 용도를 생각하지

못한 연구자를 질책하는 것은 확실히 혹독한 행위
다. 물론 하나의 목적만을 추구한 나머지 다른 쪽에
는 생각이 미치지 못해 문제를 일으킨다면 곤란한 일
이다. 연구자는 목적 달성을 지향하는 한편, 그 연구
가 사회 전체에 끼칠 공과를 널리 생각하지 않으면
안 된다. 하지만 그러한 고찰을 훨씬 벗어나 악용된
경우까지 책임을 추궁당하는 일은 없어야 한다.

그러나 만약 그 기술이 매우 복잡하고 일반인에게
이해되기 어려운 것이었다면 어떻게 할 것인가? 기
술이 너무 어려워서 일부의 사람만 사용할 수 있는
것이라면, 그 일부의 사람이 다른 사람들에게 위해를
끼치는 일도 일어날 수 있다. 연구자와 일부 전문가
만이 과학기술의 내용을 알고 있고, 시민은 무지한
채 그 결과만을 떠맡는 상황에서 기술을 소유한 인간
이 이상한 생각을 하기 시작하면 매우 위험한 일이
발생한다. 일종의 파시즘이 되어버린다. 테크노모노
폴리이기는커녕 테크노파시즘(techno-fascism)인 것
이다. 이럴 경우 그 기술을 개발한 인간에게 책임이
없다고는 할 수 없다. 사용하는 측만의 책임이 아니
다. 복잡하고 이해하기 어려운 기술을 개발한 측에도
책임이 있다. 누구나 이해할 수 있는 간명한 기술이

라면 그것을 독점함으로써 우위에 설 수는 없다. 테크노파시즘은 일어날 수 없는 것이다.

기술을 알기 쉽게 하는 것이 바로 기술자의 사회에 대한 책임이다. 기술을 위한 기술이어서는 안 된다. 기술은 사회에 대해 책임을 지지 않으면 안 된다. 환경문제뿐만 아니라 윤리적으로도 깊은 성찰이 필요한 것이다. 연구자 개인이나 기업 모두 자신이 개발한 것이 정말로 사회에 도움이 되는지 자문해보아 확실한 자신감이 들지 않는 것을 세상에 내놓아서는 안 된다. 사람이나 기업 모두 자신의 책임을 다하지 않으면 안 되는 것이다.

그러나 현실은 어떤가? 이미 테크노파시즘이 생겨나, 그 결과 도처에서 비극을 일으키고 있지는 않은가?

테크노데모크라시의 요건

테크노파시즘의 위험을 회피하려면 공개성이 대단히 중요하다. 기술을 가진 자가 사회에 대해 모든 정보를 공개하고 함께 이야기를 나누는 것이 필요하다. 심의회든 공청회든 상관없다. 『이 기술을 사용하면 이런 좋은 점이 있습니다. 그러나 폐해로는 이러한 것이 있을 수 있습니다. 자, 그러면 어떻게 사용할까요?』라고 서로가 이야기하는 장을 만들어나가지 않으면 안 된다. 이것이 테크노데모크라시다.

테크노데모크라시를 실현하는 데 중요한 요건은 「공개성」, 「투명성」, 「함께 생각한다」, 「결정하는 것은 시민이라는 공통인식」이라고 생각한다. 투명성이라는 것은 공개성과 마찬가지 의미이기도 하지만 기술이 간명하다는 뜻이기도 하다. 즉 누구에게나 잘 이해되는 기술을 의미한다. 반대로 복잡한 기술은 잘 보이지 않고 불투명하다. 그래서 시민과 기술자가 함께 대화하고 생각하는 자세가 필요하다. 기술을 공급하는 측은 무엇이 요구되고 있는가를 열심히 경청하고 잘 생각하지 않으면 안 된다.

그리고 가장 중요한 점은, 최종결정자는 시민이라는 것이다. 지금까지는 전문가가 결정했지만 이제부터는 시민이 결정하는 시대다. 전문가의 논리는 더 이상 통용되지 않는다. 전문가를 신용하고 있지 않기 때문이다. 앞으로는 정보를 공개하고 함께 생각하는 노력이 반드시 필요하다. 그리고 결정은 시민이 내린다는 인식이 중요하다. 시민이 결정하려면 전문가가 그 기술의 내용을 알기 쉽게 설명해야 한다. 불투명해서는 안 된다. 정보는 감추지 말고 공개해야만 한다. 한편 시민은 결정할 권리를 가짐과 동시에 스스로의 결정에 책임을 지지 않으면 안 된다. 그것이 성숙한 사회다.

모두가 이득을 보는 달콤한 이야기가 없듯이, 좋은 것만 가득한 기술은 존재할 수 없다. 제2장에서 소개한 폐기처분된 유전시설의 해양투기 문제도 그런 경우다. 생각할 수 있는 어떤 방법을 취해도 얼마간의 해는 있을 수 있다. 많은 제약이 따르는 이 복잡한 세상에서 모든 조건을 만족시키는 해답이란 존재하지 않는다. 어느 곳까지 선을 긋고 어느 선에서 타협할 것인지를 깊이 생각하지 않으면 안 된다. 지금까지는 그러한 것을 결정하는 일이 전문가의 몫이었지만 이제부터는 시민의 차례다. 기술측은 결점도 밝힌 후에 시민에게 선택을 맡겨야만 한다. 결점을 알리려고 하지 않기 때문에 시민들의 불신과 감정적인 반발만을 증폭시키게 된다.

현재 대부분의 기술은 너무 복잡해 일반인이 이해하기가 어렵다. 시민이 결정에 관여하고 책임을 지려 해도 그럴 수 없는 기술이 되고 말았다. 기술의 「공개성」, 「투명성」을 높이지 않으면 「함께 생각한다」는 것도, 「시민이 결정한다」는 것도 불가능하다. 일반 시민을 위한, 일반 시민에 의한, 일반시민의 기술이 되기 위해, 즉 테크노데모크라시를 달성하기 위해서는 기술의 간명화를 도모하고 투명성을 확보해야만 한다.

「현재」, 즉 진정한 인텔리전트 재료의 연구개발은 기술의 투명성을 증대시키는 방향으로 전개되어야 할 것이다.

연구자여, 밖으로 나와라

이제 연구자가 해야 할 일은 무엇인가? 나는 연구자와 기술자에게 좀더 『밖으로 나와라, 밖으로 나와서 이야기하라, 들어라』라는 말을 하고 싶다. 자신들이 무엇을 하는지, 무엇을 하려는지를 이해받기 위해서는 밖으로 나와야만 한다. 우선은 퍼블릭 언더스탠딩이 중요한 것이다. 그리고 세상 사람에게 필요한 것은 무엇인지, 사람들이 무엇을 구하고 있는지를 알기 위해 사람들의 목소리를 들어야만 한다. 일반인들이 기술에 관여하기 위해서는 연구자가 바깥 세상으로로 나가지 않으면 안 된다. 자신들만의 전문가 집단 속에 틀어박혀 있어서는 안 된다.

왜 모두 밖으로 나오는 것을 주저하는 것일까? 세상에 개방적인 태도를 취하면 몰매를 맞게 된다는 답이 곧 되돌아온다. 그러나 정말로 그러한가?

내가 도쿄 대학에서 환경안전연구센터 소장으로 있을 때 공개 심포지엄을 몇 차례 개최했다. 처음에는 시민단체와 과격 단체가 몰려들어 큰 소동을 일으킬 거라며 공개 심포지엄에 대한 반대 의견이 있었다. 그렇지만 그것은 우스운 생각이다. 뭔가 걱정되는 구석이 있으니까 그만두자고 생각하는 것은 아닐까? 「정말 큰 소동이 일어나는지 해보자」는 생각으로 몇 번인가 심포지엄을 열었다. 그러나 몰매를 맞은 적은 한 번도 없었다. 꽤나 과격한 단체의 사람도 참석했던 것 같은데 열심히 이야기를 듣고 있었다. 이쪽에서 성실하게 이야기하면 들어준다. 함께 생각해주는 것이다. 개최하는 쪽도 『현재로는 여기까지밖에 알 수 없으니 함께 생각합시다』라고 문제점까지 곁들여 분명하게 말하지 않으면 안 된다. 그런 다음 함께 생각하면 되는 것이다.

밖에 나오기를 주저하는 것은 어딘가 석연치 않은

점을 지니고 있기 때문이다. 몰매 맞을 일이라고 걱정하는 것은 그럴 만한 잘못을 지었기 때문이다. 사회에 도움이 된다는 믿음으로 일을 하고 있다면 처음부터 두려워할 이유는 없다. 정말로 중요한 일을 하고 있다고 생각한다면 세상 사람들 앞에 나서서 이야기해야만 한다. 설사 비난을 듣게 되더라도 그 충고를 바탕으로 개선해가면 되는 것이다.

연구자와 기술자는 무엇을 공급할 수 있는가가 아니라, 시민의 입장에서 무엇이 필요한가를 생각해보아야 한다. 오늘날의 기술자는 시민의 입장을 망각하고 있다. 그러나 기술자로서 사회에 공헌할 수 있는 일을 포기하고, 시민이 되기를 피해서는 안 된다. 이를테면 환경문제에 대한 공헌은 시민의 안목으로 기술자라는 특질을 살려야만 하는 것이다. 직접 관여해 생산기술을 개선함으로써 환경에 미치는 영향을 줄일 수 있는데도 그러한 노력은 포기한 채 화제가 되고 있는 환경시민운동에 참가해『나는 환경문제에 공헌하고 있다』라고 발뺌하는 태도는 허용되지 않는다. 시민의 입장에서 생각하고, 기술자로서 행동해야만 하는 것이다.

첨단기술의 개발을 절대선(絶對善)이라고 생각하

는 것은 위험하다. 그렇다고 첨단기술을 부정하라는
뜻은 아니며,「건전한 회의주의에 의한 추진」을 생각
하는 것이 중요할 듯하다. 세상에는 신제품과 신기술
이라면 무조건 아무런 의심도 하지 않는 사람도 있
고, 여러 가지 의문을 제기하는 사람도 있다. 그러한
시민의 의문과 기분을 살필 필요가 있다.

　일본이 21세기를 구가하기 위해서는 일본의 기술이
세계를 주도해야 한다. 그러나 지금 이 상태로는 세
계는 물론 일본 국민으로부터도 지지를 얻지 못한다.
이러한 위기를 극복할 수 있는 것이 바로「간명＝
선」론이다. 사람들, 특히 젊은이의 기술 이탈을 저지
하기 위해서는 무엇보다도 먼저 기술을 알기 쉽게 하
는 노력이 필요하다. 그리고 가진 기술을 숨김없이
널리 공개하고 세상에 도움이 되게 해야 한다. 기술
은 모든 인류의 행복을 위해 사용되는 것이다. 기술
자들은 그러한 긍지를 지녀야 한다. 기업에게 부탁하
고 싶다. 기업 내에서 연구개발된 기술에 대한 특허
료를 발명자에게 대폭 환원하고, 연구자의 능력과 지
혜를 최대한 평가해주어야 한다. 그렇게 되면 젊은이
들은 되돌아올 것이며, 기술자도 자신감을 가질 수
있게 될 것이다.

내 자신을 되돌아보건대, 인텔리전트 재료의 제창은 나에게 일생의 과제가 되고 있다. 그것을「현재」라는 개념으로 한층 고양시키고,「덕」이 있는 기술로써 사회에 공헌하고 싶다는 것이 나의 바람이다. 이 책에서는 기술이 전환점에 와 있다는 것과 그 방향에 대해 경고하고, 전환해나가야 할 방향을 제안해보았다. 구체적으로는 탄소섬유와 유리섬유를 조합한 자기진단재료를 내놓았다. 이 재료의 간명함은 진정「현재」라고 해도 좋을 것이다. 안타깝게도 아직까지 완벽하지는 않지만 사회에 도움이 되고, 또한 간명하기 때문에 누구나 이해하고 주체적으로 관여할 수 있는 재료다. 모두 힘을 합쳐 함께 생각해보면 문제점의 해결도 가능하다고 믿고 있다.

나는 이 재료가 앞으로 기술이 지녀야 할 바람직한 모습을 보여주고 있다고 생각한다. 첨단기술은 첨단기술의 발전을 위해 필요한 것이 아니다. 인류의 복지와 부(富)의 향상에 쓰여져야만 한다. 그럼으로써 기술은「덕」을 갖추게 되는 것이다. 21세기를 위해 기술이 해야 할 일은 무엇인지, 연구자의 임무는 무엇인지, 시민의 역할은 무엇인지 함께 생각해보지 않겠는가?

참고문헌

1. "Two Dimensional Design upon Ceramic Materials", 化學と工業, 39〔11〕, 831-833, 1986.
2. "Concepts of Intelligent Materials", Ceramics Data Book, '92, No. 74, 23-27, 1992.
3. "非Ceramistに優しいCeramicsの研究開發を", Ceramics Japan, Vol. 27, 〔10〕, 935-936, 1992.
4. "優しい心で研究開發を", Forum-Management for Tomorrow, Vol. 3, Dec., 16-17, 1992.
5. "Technodemocracyの確立を急げ", Infodia, Feb., p. 3, 1993.
6. "無機系Intelligent", Ceramics Japan, 28, No. 6, 550-553, 1993.
7. "「賢い材料」が築く21世紀の技術", Kansai Productivity Center News, Vol. 21, No. 253, 〔8〕7-12, 1993.
8. "Intelligent材料 ― 炭素材料の有効利用", New Diamond 31, Vol. 9, No. 4, 〔10〕, 1-3, 1993.
9. "Technodemocracy(連載討論)", 自動車とその世界, No. 259, 34-43, 1994.

10. "21世紀を救う〈單純＝善〉論の展開", TAM Quarterly, Spring '94, No. 32, 4-5, 1994.

11. "技術にもっと透明性を！", 化學と工業, Vol. 47, No. 7, p. 863, 1994.

12. "Interview—新素材を語る", OHM, Vol. 81, No. 7, July, 70-73, 1994.

13. "Interview—Deregulationの時代, 人と企業に「倫理」, 技術に「德」を", S&C「NOVA」特別號, Vol. 8, 29-33, 1994.

14. "Intelligent材料とは—Intelligent化への實際と提言", 新素材, Vol. 5, No. 11, 56-60, 1994.

15. "壊れにくいが壊しやすい構造を", STAFF News Letter, 1995 Feb., p. 4. 1995.

16. "東洋的な自然觀を生かした新たな素材開發とは", Nippon Steel Monthly, 1995 2/3, Vol. 53, 9-10, 1995.

17. "賢材—自己診斷機構を持つ材料の提唱", Advanced Nuclear Equipment Research Institute季報, Vol. 10, No. 4, H7 Mar., 10-21, 1995.

18. "Interview—賢材技術・次世代技術の視點と展望", 技術と經濟, 1995. 5, 339, 4-11, 1995.

19. "「賢材」—その意義と可能性", ざ・さいくる, No. 59, Spring 1995, 10-13, 1995.

20. "技術に「德」を！—TechnomonopolyからTechno-democracyへ", 太陽エネルギー—(Journal of Japan Solar Energy Society), 108, Vol. 21, No. 4, 17-23, 1995.

21. "賢材のすすめ—21世紀の技術のために", 科學と工業, 69〔8〕, 301-314, 1995.

22. "大型構造物へこそIntelligent材料の適用を—簡にして要
    を得た材料の開發を目指そう", インテリジェント材料,
    Vol. 5, No. 3, p. 3, 1995.

23. "科學技術と社會—技術のSocial Responsibility", 研究交流
    クラブ第12會定例會講演錄, 1996. 3. 22.

24. "人と環境に優しい'賢材(ken-materials)'", Boundary
    1996. 3.

25. "Interview—先端に, 人", 工業材料, Vol. 44, No. 8, p.
    1, 1996.

26. "座談會—「材料開發(者)の使命」", 材料マニュアル, 96
    (新素材マニュアル 第13集), p. 7, 1996. 4.

27. "日本學術振興會海外研究連絡センター運營報告書",
    1996. 3.

28. "日英の科學・技術事情", Ceramics Data Book '96(工業と
    製品 No. 78), p. 11.

29. "あれこれ「論文投稿の意味を考える」", 現代化學 1996.
    2. p. 26.

　우리 집 TV 화면이 제대로 나오지 않은 적이 있다. 전기제품의 상태가 나빠졌을 때 많은 사람들이 하는 방식대로 나도 우선 두들겨보았다. 두들기는 것만으로는 좀처럼 고쳐지지 않았지만, 이것저것 시도해보는 동안 깨끗한 화면을 얻는 요령을 발견했다. 나는 이러한 재주를 은근히 자랑으로 생각하고 있다. 작동하지 않는 전자 레인지를 고치는 놀라운 방법을 우연히 발견한 친구도 있다. 무모한 짓이라는 전문가의 질책이 두려워 구체적인 방법을 적지는 않겠지만, 이러한 실험(?)은 즐겁다.『기계나 전기 쪽은 완전 문외한이니까』하면서「기술」에 관여하려고 하지 않는 사람에게는『즐거움을 포기하다니 아까운 일이군요』라고 말하고 싶다.

　그러나 기술 쪽이 우리를 멀리하려 한다는 느낌만은 확실하다. 최근 구입한 전기제품은 대단한 기계도 아닌데 설명서의 첫 몇 쪽은 경고나 주의사항으로 꽉 차 있었다. 제조물책임법(Product Liability : PL) 대책이라고는 하지만 너무나 복잡하고 많아서 제대로 읽어볼 기분이 들지 않는다. 설명서를 읽지 않고 사용하면 망가질 것만 같다.

전기제품을 수리점에 보낸 적이 몇 번 있는데 사용방법이 잘못되었다고 비난받을까 봐 언제나 긴장한다. 웬일인지 내가 사용할 때만 컴퓨터의 상태가 좋지 않은 것 같은 기분이 든다. 수리하는 사람 앞에서는 제대로 작동하다가도 그 사람이 없으면 또 안 움직이게 될까 걱정이 되기도 한다. 기술에 관여하고 싶은 생각이 있는 한편, 항상 주눅이 들어 있는 것이다. 기술을 담당하는 사람들이 이러한 기분을 알아줬으면 하는 마음이다. 이 책이 「기술」과 「시민」의 거리를 좁히는 데 일조가 되면 더없이 고맙겠다.

이 책은 야나기다 선생의 도쿄 대학 정년퇴임기념 최종강의(1996년 3월) 내용을 축으로 하고, 다른 강연과 논문 등을 첨가해 정리한 것이다. 일부이지만 선생이 영국에서 활동한 보고 내용도 포함되어 있다. 이 「후기」를 제외한 본문 가운데의 「나」는 모두 야나기다 선생을 가리킨다. 나는 야나기다연구실의 졸업

생으로 오랫동안 야나기다 선생의 저작활동을 거들어
왔다. 이번에는 영광스럽게도 나의 생각도 조금 덧붙
여 적었다. 이와 같은 기회를 준 야나기다 선생과 마
루젠 출판사업부의 나카무라 씨께 깊이 감사한다.

1996년 11월

야마요시 게이코

20세기를 움직인 思想家들

기 소르망 著
姜偉錫 譯
〈신국판 / 426면 / 8,000원〉

20세기 사상계에 결정적인 영향을 끼친 사람들은 과연 누구인가? 프랑스의 저명한 경제학자이자 사회학자인 기 소르망이 29명의 생존해 있는 현대 최고의 사상가들과 직접 인터뷰를 통해 그들 자신이 선택한 분야에 전생애를 바친 사상과 사색의 놀라운 통찰을 기록·정리한 「살아있는 도서관」.

資本主義 종말과 새 世紀

기 소르망 著
金廷銀 譯
〈양장 / 628면 / 13,000원〉

세계적인 석학인 저자는 자본주의 체제를 위협하는 것은 「도덕적 불만」과 「자본주의에 대한 몰이해」라고 주장하고 러시아·중국·독일·인도 등 20여개국의 자본주의의 현재 모습을 생생히 그리고 있다. 또한 현재의 자본주의의 위기를 극복하기 위한 구체적인 실천방안에 대해서도 통찰하고 있다. 방대한 분량인데도 르포형식이어서 전혀 지루하지 않다.

未來企業

피터 F. 드러커 著
高柄國 譯
〈신국판 / 416면 / 8,000원〉

우리 시대의 가장 뛰어난 사회·경영학자이자 미래학자인 드러커의 「변혁시대 기업생존전략 연구서!」이 책은 세계경제가 빠르게 바뀌어 감에 따라 기업의 새로운 생존 경영전략 모델, 즉 기업이 살아남기 위한 5가지 변화조건을 예리하게 분석·고찰했다. 특히 사회·경제학 시각에서 세계경제 흐름을 통찰한 力著.

자본주의 이후의 사회

피터 F. 드러커 著
李在奎 譯
〈양장 / 328면 / 7,000원〉

사회주의권의 급격한 몰락 이후 탈냉전 분위기가 고조되고 있는 시점에서 향후 세계 변화가 주요 관심사로 떠오르고 있다. 저자는 이 책에서 향후 세계는 자본주의적 시장구조와 기구는 그대로 존속되겠지만 주권국가의 통제력은 약화되고 전문지식을 갖춘 지식경영자 중심의 글로벌화 사회가 될 것으로 예측하고 있다.

미래의 결단

피터 드러커 著
이재규 譯
〈양장 / 408면 / 9,000원〉

현대 경영학의 대부, 피터 드러커는 이 책에서 「스스로를 다시 생각함으로써 회생할 수 있다」고 전제하고 기업의 5가지 치명적 실수, 가족기업을 경영하는 규칙, 대통령을 위한 6가지 규칙, 새로운 국제시장의 개발, 3가지 종류의 팀조직, 오늘날 경영자들이 필요로 하는 정보 등 바람직한 미래를 실현하기 위한 방안을 제시했다. 21세기를 위한 새롭고 시의적절한 경영지침서.

株式市場 흐름 읽는 법

浦上邦雄 著
朴承源 譯
〈신국판 / 200면 / 4,000원〉

언뜻 보기에 무질서하고 예측이 불가능해 보이는 주식시장도 장기적으로 보면 특정한 네 개의 국면을 반복하고 있다는 것을 알 수 있다. 이 책은 이 네 개의 국면이 어떤 요인에 의해 순환되고 각각의 국면에서 어떤 종목이 활약하는가를 숙지할 수 있는 안목을 제시해주고 주식투자시 리스크를 피하는 방법에 대해서도 설명하고 있다.

2020년

해미시 맥레이 著
金光田 譯
〈양장 / 408면 / 9,000원〉

다양한 인종만큼이나 상이한 정치·경제체제와 독특한 문화양식을 지니고 있는 세계 각국은 저마다의 주무기를 앞세워 미래를 설계하고 있다. 경제평론가인 저자는 앞으로 국가경쟁력을 결정짓는 요인은 기술이 아니라 문화라고 강조한다. 현재 세계 각국이 처해 있는 상황을 바탕으로 치밀하게 전망한 2020년경의 세계 각국의 모습에서 우리의 진로는 어떻게 모색해야 할 것인가?

제 4 물결

허먼 메이너드 2세
수전 E. 머턴스 共著
韓榮煥 譯
〈양장·4×6판 / 239면 / 5,000원〉

21세기의 범세계적 기업을 위한 낙관적 비전을 제시하고 있는 이 책은 한마디로 앨빈 토플러의 《제3물결》을 넘어 장기적 미래의 비전에 집중하고 있다. 지금 우리가 공업화를 상징하는 「제2물결」에서 탈공업화적인 「제3물결」로 전이하고 있지만, 머지 않은 곳에서 새로운 차원의 「제4물결」이 밀려오고 있다고 진단하고 있다.

장사꾼으로 거듭나는 사무라이 혼

金亨澈 著
〈신국판 / 372면 / 7,000원〉

일본의 자민당 정권이 붕괴된 이후 연립정권이 난립하고 고베 대지진, 증권스캔들, 옴 진리교 사건 등이 일어난 격동기에 필자가 주일특파원으로 취재하며 느낌을 쓴 현장 르포다. 기자의 눈을 통해 「기모노 속에 감춰진 진짜 일본」을 만난다.

유머人生 1∼5

韓國經濟新聞社 出版部 編
〈4×6판 / 244면 / 4,500원〉

많은 독자들이 1980년 12월부터 본지에 연재되고 있는 「海外유머」를 책으로 출판했으면 어떨지, 그런 계획은 없는지 물어왔다. 이 책은 독자들의 그러한 성원에 보답하자는 취지로 출판되었으며 우스갯소리 가운데서 인생의 묘미도 느끼고 영어공부도 할 수 있게끔 어려운 단어나 語句에는 주석을 달아 독자들의 이해를 돕고자 노력했다.

암 이렇게 하면 두렵지 않다

엘리자베스 웰런 著
민진식 監譯
〈신국판 / 350면 / 8,000원〉

암의 원인과 관계되는 발암물질, 역학조사, 그리고 생활주변에서 많이 발생하는 암의 위험요소에 대한 방대한 문헌과 보고서를 분석 정리했다. 또 이미 알고 있는 암 유발요인을 쉽게 설명하고 암 학자들의 연구결과와 철저한 문헌조사, 특히 인간에 대한 직접 연구결과에 근거한 암 원인을 전반적으로 개관하여 예방의학의 길을 제시했다. 감역자는 연세대 의대 암센터원장.

사장님, 원가를 아십니까

鄭明煥 著
〈신국판 / 220면 / 5,000원〉

원가의 개념을 정확히 이해하지 못하고 경영한 결과 장부상으로는 흑자임에도 결손이 나는 등 어려움을 겪는 경우가 흔히 있다. 이 책은 경영자는 물론 회계와 기획담당자를 포함한 기업 관계자들에게 원가의식과 관리회계의 개념을 심어준다는 취지에서 원가에 관련된 제반사항을 소설식으로 알기쉽게 다룬 力著

프로 영업인이 되는 길

시라이 기요시 著
朱明甲 譯
〈신국판 / 240면 / 5,000원〉

번번히 뛰어난 실적으로 동료들의 부러움을 사는 사람이 있다. 이런 사람은 흡사 영업의 귀재, 타고난 영업인처럼 보인다. 그러나 잘 나가는 영업사원과 그렇지 못한 영업사원의 차이는 반드시 있게 마련. 이 책은 결코 평탄하지만은 않은 영업의 세계에 입문하거나 프로로 거듭나기를 바라는 영업사원들이 갖춰야 할 지식에서부터 각양각색의 고객을 다루는 방법까지 100가지 성공비결을 공개하고 있다.

中國을 넘어야 한국이 산다

崔弼圭 著
〈신국판 / 260면 / 5,000원〉

최근들어 한국 기업의 중국 진출이 러시를 이루고 있으나 중국의 문화와 관습을 정확하게 이해하지 못한데서 많은 어려움에 부딪치고 있다. 이런 시점에서 쓰여진 이 책은 중국인들의 상술을 예리하게 파헤치고 있으며 한국 기업이 중국 현지에서 맞닥뜨리는 여러 사안들에 관해 심도 있게 분석하고 대안을 제시하고 있다.

멀티미디어 시대

조지 길더 著
權和爕 譯
〈신국판 / 208면 / 5,000원〉

이 책에서 저자는 단순영상매체인 TV는 종언을 고하게 되었고 TV의 기능에 컴퓨터와 광통신 기능이 부가된 네트워크망을 갖춘 종합미디어로서의 텔레퓨터가 멀티미디어 시대에 주역으로 등장할 것을 예고한다. TV를 보면서 진행자와 대담을 나누고 가상현실을 즐길 수 있는 놀랍고도 신기하기까지 한 세계의 출현을 예고하고 있다.

기업혁신 팀경영

존 R. 카첸바크·더글러스 K. 스미스 共著
梁浚容 譯
〈신국판 / 364면 / 7,000원〉

구성원의 기술·경험·통찰력을 결합한 「팀」제는 개개인보다 월등한 업무능력을 지니고 있으며 업무의 내용이 복합적이거나 판단능력·경험이 필요한 경우 더욱 돋보인다. 이 책은 다양한 사례를 중심으로 집단적인 작업생산, 개인적인 성장 그리고 고능률 업무수행을 위한 팀경영의 비결을 소개하고 있다.

21세기 기업

제이 R. 갤브레이스·에드워드 E. 롤러 3세 共著
朴秀圭 譯
〈신국판 / 410면 / 8,000원〉

이 책은 21세기의 시장환경에 적응하고 살아 남기 위한 조직구조를 체계적으로 고찰하고 있으며 역동적인 환경에 대처할 관리관행과 경영체계를 심도있게 분석하고 있다. 또한 저자들은 지식업무 및 관리팀, 기량 중심의 인적자원 시스템 구축, 스태프진 분산과 네트워크 구축 등의 새로운 조직창출 방법을 다양하게 구사하고 있다.

기업간·업종간 전략적 제휴

조셉 L. 배더러코 2세 著
韓榮煥 譯
〈신국판 / 264면 / 6,000원〉

지식이 국가와 기업의 경계를 넘어 급속히 이동하고 세계화됨에 따라 새로운 기술과 제품이 정신없이 쏟아져나오고 있다. 이제 어떤 사회도 필요한 모든 기술과 제품을 독자적으로 해결할 수는 없다. 이 책은 많은 회사들의 요새와 같던 담을 무너뜨리고 경쟁예상자와 손을 잡고 제품을 생산하고 기술과 능력을 개발하는 방법을 보여주고 있다.

결혼경제학

八代尙宏 著
李 均 譯
〈신국판 / 200면 / 4,500원〉

결혼과 그 주변문제에 대해 경제학적 측면에서 분석했다. 모든 결혼이 정신적·물질적 행복을 보장해 주는 것은 아니다. 남녀의 결합으로 성립되는 「가정주식회사」는 운영의 묘에 따라 번창하기도 하고 파국을 몰고오기도 한다. 결혼적령기 남녀, 결혼생활을 하고 있는 모든 사람들을 위한 필독서.

정보고속도로의 꿈과 악몽

대니얼 버스타인·데이비드 클라인 共著
김광전 譯
〈신국판 / 472면 / 9,500원〉

세계적인 컨설턴트 버스타인과 컴퓨터 잡지 〈와이어드〉의 객원편집위원인 클라인이 정보고속도로와 디지털이 꿈꾸는 미래의 이상과 그에 따른 문제들을 분석하고 해결책을 제시했다. 특히 정보산업의 발전과정에서 진행된 미국과 세계적인 기업의 사업전략, 그들간의 싸움을 흥미진진하게 엮고 있으며 디지털 혁명이 몰고올 사회변화까지 상세히 설명했다.

거꾸로 선 아버지 바로 세우기

레벤 바 - 레바브 著
김광전 譯
〈신국판 / 348면 / 8,000원〉

정신과 전문의인 저자가 현대 가정이 지닌 문제점과 자라나는 아이들이 겪는 여러 가지 비극과 그 대안들을 정신분석학적 방법으로 제시했다. 오늘날 우리 사회가 안고 있는 청소년 문제의 근원은 대부분 가정에 있으며 특히 아버지의 역할이 부족한데서 비롯된다고 보고 있다. 훌륭한 아버지의 역할과 훌륭한 아버지가 되는 실용적인 아이디어를 구체적으로 제시하고 있다.

여자의 육체 남자의 시선

장 클로드 코프만 著
김정은 譯
〈신국판 / 392면 / 8,500원〉

독창적이고 신중한 연구라는 평을 받은 파리 5대학 사회학자의 흥미롭고도 심도 있는 저서. 저자는 2년 동안 해변에서의 토플리스 연구를 통해 은밀하면서도 흥미로운 규칙을 발견한다. 형태, 나이, 문화, 해변의 상황에 따라 여자들은 각기 나름의 행동규칙을 준수하며 자신들에게 보내는 시선의 신호를 이해하여 몸의 자세로 또는 적당한 제스처로 그것에 응한다고 보고 있다.

안자(상·중·하)

미야기타니 마사미쓰 著
신봉승·김하중 譯
〈양장 / 4×6판 / 384면 내외 / 각권 6,500원〉

열국의 제후들이 대륙의 패권을 놓고 싸우는 춘추 시대를 배경으로 격동의 역사를 헤쳐나가는 명재상 안자의 일대기를 그리고 있다. 난세 속에서도 안자는 충(忠)과 의(義)를 지키며 정도(正道)만을 걷는다. 국가 경영의 참다운 모습, 인간관계의 원형을 보여주는 그의 독특한 철학을 통해 당시의 시대정신과 사회상을 조명한다.

大商(상·하)

정종명 장편소설
〈신국판 / 상권 348면, 하권 336면 / 각권 6,000원〉

간신 유자광에게 핍박받고 공신 박원종의 비호를 받으면서 혁신정치의 풍운아 조광조에게 도전했던 조선 제일의 巨商 서용근의 일대기를 그리고 있다. 천부적인 장사꾼 기질과 처세술로 조선의 상권을 한손에 거머쥐고 정치권과도 밀착, 정권을 좌지우지했던 서용근의 파란만장한 생애가 흥미진진하게 펼쳐진다. 가공인물 서용근이 보여주는 일련의 정치행각이 특히 흥미롭다.